LES FUREURS DE LA TERRE

Du même auteur

L'Écume de la terre
Fayard, 1983

De la pierre à l'étoile
Fayard, 1985

Douze Clefs pour la gédogie
Entretiens avec Émile Noël
Belin, 1987

EN COLLABORATION

Structure et Dynamique de la lithosphère
avec M. Mattauer
Herman, 1972

Introduction à la géochimie
avec G. Michard
PUF, 1973

Orogenic Basic and Ultrabasic Association
avec J. Aubouin
CNRS, 1978

Fossic Magnetic Field
avec V. Courtillot et J. Coulomb
Elsevier, 1980

Mécanisme et Utilisation des séismes
en l'honneur de J. Coulomb
CNRS, 1980

CLAUDE ALLÈGRE

LES FUREURS DE LA TERRE

ÉDITIONS ODILE JACOB
15, rue Soufflot, Paris Ve

ISBN 2-7381-0016-3

Avant-propos

Il y a dix ans, mes nouvelles fonctions de directeur de l'Institut de physique du globe de Paris m'ont mis brutalement en face du problème des catastrophes telluriques sous tous leurs aspects. J'ai pu mesurer la fragilité scientifique et éthique de la communauté alors concernée. Je peux d'autant mieux apprécier l'immense chemin parcouru depuis, cheminement que j'ai cherché à aider, encourager ou accompagner suivant les cas.

Ce livre est une tentative pour faire le point, tant en ce qui concerne l'état de la question que celui de mes réflexions personnelles.

Claude Allègre
Paris, le 1er juin 1986

Remerciements

De nombreuses personnes m'ont aidé à la réalisation de ce livre, Paul Tapponnier, Jean-Louis Le Mouël, Jean-Paul Poirier, Michel Semet, Claude Jaupart, Jean-Yves Lhomeau, Bernard Dupré, Claude B. Allègre ont relu avec attention diverses versions et m'ont fait bénéficier de leurs observations, critiques et commentaires. Claude Ronnat Mercier et Joël Dyon ont aidé à la réalisation. Odile Jacob et Jean-Pierre Elkabbach ont encouragé l'écriture de ce livre.

INTRODUCTION

Les colères du dragon

Terre des hommes, terre qui nourrit de son sol, qui dispense les richesses minérales et énergétiques de ses entrailles, qui depuis quatre mille millénaires permet le développement conquérant de notre espèce. Mais aussi terre qui tue. Et qui tue de plus en plus. Alors qu'au Moyen Age les victimes des tremblements de terre ou des éruptions volcaniques n'étaient que quelques milliers, en l'an 2000 le nombre des victimes du dernier siècle dépassera sans doute les 2 millions. 2 millions de personnes mortes, sous les décombres d'immeubles écroulés à Mexico, sous la boue d'un volcan colombien que son activité pourtant modeste ne prédestinait pas au rôle de tueur, dans un tremblement de terre du nord de la Chine à Tangshan, sans parler des Papous ensevelis sous les cendres du Lamington ou des quelques Américains téméraires morts lors de l'éruption du mont Saint-Helens. Certes les effets des catastrophes naturelles ne sont pas des nouveautés pour l'homme. Pline le Jeune a déjà bien décrit l'éruption du Vésuve qui tua son oncle. Les archives des empereurs de Constantinople sont remplies de la comptabilité de dommages humains et matériels causés par les tremblements de terre de Turquie et de Grèce du Nord. C'est le cas aussi pour les archives chinoises ou japonaises.

Le caractère rigoureux et implacable de ces manifestations terrestres a conduit depuis longtemps les hommes à classer séismes et volcans dans la catégorie des phénomènes surnaturels, directement liés à l'existence des dieux. Les Japonais archaïques ont proposé la première « explication synthétique », le premier modèle qui intégrait tremblements de terre et éruptions volcaniques, en somme le premier modèle de dynamique terrestre unifié. L'intérieur de la Terre était habité par le Grand Dragon, qui de temps en temps manifestait sa mauvaise humeur. Ou bien il secouait sa carapace rugueuse et montagneuse et provoquait alors les séismes. Ou bien, plus violemment encore, il crachait du feu par ses mille naseaux qu'étaient les volcans. Le Japon, menacé de toutes parts par ses humeurs, aussi bien par les éruptions volcaniques que par les séismes, était à l'évidence localisé au niveau de la tête du Dragon, à l'opposé la Chine intérieure sujette aux tremblements de terre mais exempte de volcans était située au niveau du corps, de la carapace rugueuse * ! Pour les pays d'Extrême-Orient, la menace n'est donc pas nouvelle. La résignation non plus. Il en est de même pour les peuples, plus proches de nous que sont les Turcs, les Grecs ou les habitants du Moyen-Orient **. Pour nous Français, ces menaces sont restées très abstraites pendant longtemps. Les hécatombes anciennes n'étaient pour nous que des chiffres dans des livres, les désastres modernes des annonces de presse. Grâce ou à cause de la télévision, tout a changé en peu de temps. Les catastrophes telluriques sont aujourd'hui présentes dans nos foyers où chacun peut suivre de manière parfois insupportable la mort d'une fillette colombienne dans un torrent de boue ou bien celle d'un adolescent mexicain sous les

* Les Japonais remplaceront plus tard le dragon par le poisson-chat dans une vision beaucoup plus banale !

** Les Grecs anciens avaient imaginé eux aussi leur explication « unifiée » des séismes et des volcans. C'était le modèle du vent tellurique, avec ses tornades et ses « pluies ».

décombres d'un immeuble. Ces spectacles forts déclenchent en chacun des sentiments multiples. Sentiments d'horreur certes, mais auxquels se mêlent des impressions plus confuses. Ces catastrophes ne dépendent pas des hommes, elles les atteignent. Sont-elles inévitables ? Sont-elles les signes de punitions divines dont on n'entrevoit pourtant pas l'horrible logique ? Ce sentiment d'impuissance est pour certains synonyme de résignation, d'humilité, de mysticisme. Pour d'autres il suscite des réactions de révolte, d'injustice. D'autant plus vives que petit à petit chacun se sent menacé. Si le nombre de victimes augmente avec le temps j'ai d'autant plus de chance d'être dans la nouvelle liste, pense-t-on.

Mais en fait, sommes-nous en sécurité en France ? Ne peut-il y avoir demain un tremblement de terre qui détruira Nice ou peut-être même Paris ? Les volcans du Massif central sont-ils vraiment endormis ou peuvent-ils se réveiller brutalement un matin ? Le tremblement de terre d'Oléron a bien existé, il était petit certes mais le prochain ne peut-il pas devenir plus grand ? Et même si la France était un sanctuaire protégé, cela suffirait-il à rassurer ? Mon fils travaille en Indonésie, risque-t-il de périr dans une éruption volcanique ? Je voudrais prendre mes vacances en Grèce, on dit qu'il y a beaucoup de tremblements de terre, est-ce prudent ? Vaut-il mieux aller en Espagne ? Aller au Portugal, n'est-ce pas risquer d'être englouti sous les flots d'un raz de marée comme celui qui détruisit Lisbonne ? Aller en Martinique, est-ce des vacances en toute sécurité ?

A chaque nouvelle catastrophe naturelle, ces interrogations reviennent à la surface et le scientifique est, comme on dit aujourd'hui, interpellé. Formulée ou pas, la question est sur toutes les lèvres et dans tous les esprits. Que fait la science face à tout cela ? Que peuvent faire les scientifiques ?

La science permet à l'homme d'aller dans la Lune et d'en revenir mais semble incapable d'empêcher ou au moins de prédire ces catastrophes meurtrières !

L'opinion à l'égard des scientifiques varie suivant les déterminismes de chacun. Pour certains, face à ces phénomènes, la science est et sera toujours impuissante. Cette prise de position que j'ai souvent entendue rejoint un sentiment mystique de résignation devant des phénomènes dont la puissance, la brutalité et les dimensions les font assimiler au surnaturel ou tout au moins au surhumain.

Pour d'autres, la science et les scientifiques ne concentrent pas assez leurs efforts sur ce qui concerne les hommes et dispersent leurs efforts dans des recherches « fondamentales », qui les éloignent des véritables priorités. On sent poindre derrière ces jugements des sentiments antiscientifiques, voire antiscience.

Ce livre a pour ambition de montrer que la science et les scientifiques ne sont ni inactifs ni inattentifs face aux défis de la nature, que la science n'est ni ignorante ni totalement démunie et que, si beaucoup de chemin reste encore à parcourir, on peut espérer dans un délai raisonnable si ce n'est guérir tout au moins prévoir et prévenir. Cela dit, je voudrais préciser d'entrée de jeu que donner l'état de la science signifie aussi en souligner les ignorances, les zones d'ombre. Pour nous la science n'est belle et n'est vraiment elle-même que lorsqu'elle sait expliquer ce qu'elle comprend, ce qu'elle maîtrise, mais sait aussi reconnaître ses limites et ses limitations, lorsqu'en face de ces zones de lumière elle ne dissimule pas les zones d'ombre, y compris celles où elle ne pénétrera peut-être jamais, ou plus exactement où elle ne pénétrera pas avant longtemps. Mais qui le sait ? L'attitude du scientifique responsable c'est de ne pas faire semblant de connaître ce qu'il ignore et se transformer en une sorte de gourou délivrant un message hermétique devant des foules d'autant plus crédules qu'elles sont ignorantes du sujet. Il n'est pas bon non plus de faire croire que la science ne sait rien, ce qui permet de raconter n'importe quoi. A partir de là, l'attitude scientifique est une méthode et une ascèse. Celle qui consiste à utiliser les chemins du savoir, pour se prémunir contre les caprices de la nature. Connaître, même un peu, la cause ou les mécanismes qui sous-tendent tremblements de terre et éruptions volcaniques, c'est déjà en avoir moins peur. C'est déjà être préparé à se mieux comporter si par malheur on s'y trouvait impliqué. Mais c'est plus encore pénétrer les secrets de la nature, fût-elle sauvage, déchirer un peu le voile derrière lequel se cache le mystère. Car ces phénomènes qui menacent la sécurité des hommes sont une partie intégrante de la vie extraordinairement mouvementée des planètes. Le volcanisme est un phénomène universel. Présent sur la terre aujourd'hui comme aux premiers jours de son histoire il est aussi présent ailleurs dans le cosmos. Le tiers de la surface de la Lune est fait de roches volcaniques, Mars possède le plus gros volcan du système solaire, *Nix Olympica*, haut de 25 kilomètres, avec ses 600 kilomètres de diamètre et un cratère central de 60 kilomètres, Mercure est couvert de coulées de laves et les analyses faites sur le sol de Vénus par des engins automatiques nous indiquent qu'une bonne partie des roches sont d'origine volcanique. Très récemment la sonde Voyager passant près de Jupiter a pu photographier une éruption volcanique sur le satellite Io.

Les séismes aussi existent hors de notre Terre. Ils existent sur la Lune où leurs foyers se situent vers 700 kilomètres de profondeur. On pense qu'il en existe encore sur Vénus. L'existence de grandes failles sur Mars nous amène à penser qu'ils ont dû y être abondants dans le passé.

Comprendre les mécanismes des éruptions volcaniques et des tremblements de terre est donc une entreprise qui n'est pas du tout secondaire par rapport aux problèmes centraux qui préoccupent géologues et planétologues. Le globe terrestre est une immense machine qui fabrique des roches ici, détruit les reliefs par érosion là, transporte des tonnes de matériaux des continents vers les océans, qui déplace aussi au cours des millions d'années les continents. L'énergie nécessaire à toute activité est issue de la désintégration radioactive des 10 000 mégatonnes de potassium et d'uranium radioactif qui sont enfouies dans les entrailles de la Terre.

Replacés dans ce cadre, séimes et volcans constituent des éléments importants de la vie planétaire. Sur le plan de la dissipation d'énergie d'abord. Le volcanisme, en y incluant l'important volcanisme sous-marin des dorsales médio-océaniques, dissipe à lui seul les 2/3 de l'énergie thermique du globe. Les séismes sont la manifestation mécanique la plus spectaculaire du déplacement de l'écorce terrestre.

Sur le plan de l'échelle de temps ensuite. Lorsqu'on parle de phénomènes géologiques on a coutume de parler de phénomènes qui se déroulent sur des durées considérables. Pour déposer une strate de calcaire de 2 mètres d'épaisseur, il faut un million d'années. Pour fabriquer une montagne, il en faut cinq. Pour l'éroder, il en faut trente. Pour faire passer le règne animal du stade arthropode à celui d'homidien, il a fallu 500 millions d'années. L'âge de la Terre est de 4,5 milliards d'années, les plus vieilles roches connues ont 3,7 milliards. L'ouverture de l'Atlantique a pris 150 millions d'années. Voilà les chiffres que manipule le géologue.

Lorsqu'il étudie les séismes et les éruptions volcaniques, tout change. En quelques minutes la ville de Guatemala City a été détruite par le séisme du 4 février 1976 ; Herculanum fut engloutie par un fleuve de boue en quelques minutes. Une crise sismique dure quelques jours, une éruption volcanique dure quelques mois. Lorsqu'on la compte en années, on parle pour les volcans d'activité permanente. Nous voilà donc dans un domaine temporel bien différent. Pourtant il n'existe pas une Terre à deux vitesses ! Les manifestations de courte durée ne sont que des signes éphémères de phénomènes de longue, de très longue durée. Tel séisme n'est que le résultat d'un mouvement qui se poursuit pendant quelques millions d'années. Telle éruption volcanique n'est que l'une des cinquante manifestations de la vie multimillénaire d'un volcan. Chaque période active étant séparée parfois par des siècles de quiescence. Voilà où va résider la difficulté de l'étude des séismes et des volcans. On demande au scientifique de prévoir au jour voire à l'heure près des phénomènes dont la cause est séculaire et « géologique » ! Il faut trouver des méthodes précises pour raccorder des échelles de temps totalement disproportionnées.

C'est la difficulté, c'est aussi l'originalité de l'entreprise. Comprendre comment Sa Majesté la Terre avec ses mouvements lents et multimillénaires peut se manifester de manière si brutale et si soudaine voilà un beau défi scientifique. Savoir que tout progrès scientifique significatif dans cette voie aride sauvera des milliers, des millions de vies humaines est une motivation exaltante.

C'est avec ces deux buts indissociables que nous allons entreprendre l'examen des causes et des effets des catastrophes telluriques.

Les causes sont comprises en grand assez bien, en détail encore assez mal. La géophysique des instabilités est en plein développement, or c'est elle la clé de tout, que ce soit pour la compréhension des séismes ou celle des éruptions volcaniques. Nous en ferons le point en montrant comment un ensemble de disciplines diverses contribue à ces progrès, et pourquoi nous sommes encore éloignés de réponses claires. A partir de là on comprendra mieux comment on peut structurer l'action par rapport aux hommes. Ce sera l'exposé des méthodes de prédiction, des actions de préventions avec leur semi-empirisme, leurs succès, leurs espoirs, leurs limites. Ce sera aussi les relations de la science et des scientifiques avec « la cité », aussi bien les pouvoirs politiques que le public et les médias. Vaste programme, aurait dit de Gaulle...

CHAPITRE I

Les zones actives

La géographie associe les séismes et les volcans. On sait en effet depuis longtemps que ces deux cataclysmes frappent à peu près les mêmes régions. Les études modernes n'ont fait que préciser et nuancer cette observation déjà ancienne.

Le Mexique a subi en l'espace de deux ans l'éruption du Chichon et du Colima et le tremblement de terre meurtrier de septembre 1985. Toute l'Amérique centrale est sous cette double menace. Tremblement de terre du Guatemala en 1976 (22 000 morts), du Nicaragua en 1972 (5 000 morts), très récemment en 1986 au Salvador (10 000 morts). Éruption volcanique de l'Irazu et de l'Arenal en 1964 et 1970 au Costa Rica.

La côte ouest de l'Amérique du Sud, de l'Équateur à la Terre de Feu, n'est pas mieux lotie. Tremblements de terre du Chili en 1960 (5 700 morts), du Pérou en 1970 (66 000 morts), éruption volcanique du Nevado del Ruiz en Colombie, 1986 (23 000 morts). L'Équateur et sa capitale Quito sont menacés par les volcans aussi bien que par les tremblements de terre.

De l'autre côté du Pacifique la situation est analogue. Volcans et séismes existent aux Nouvelles-Hébrides comme en Nouvelle-Zélande, en Papouasie-Nouvelle-Guinée comme aux Philippines. Le Japon est connu autant pour ses volcans que pour ses tremblements de terre comme l'Indonésie ou les régions moins habitées du Kamchatka ou de l'Alaska. Cet ensemble constitue ce que l'on appelle la ceinture de feu du Pacifique. Région menacée, région souvent surpeuplée, souvent aussi sous-développée, elle porte les candidats aux hécatombes futures. Dans la région circumpacifique, l'association entre activité sismique et volcanique semble parfaite. On pourrait ajouter à cette liste deux pays européens proches : l'Italie et la Grèce. Les volcans Etna ou le Vésuve font écho aux séismes du Frioul et de Naples pour l'un, l'éruption antique du Santorin est plus célèbre que le tremblement de terre de Salonique pour l'autre.

Pourtant à regarder de plus près à l'échelle du globe, tout n'est pas aussi simple. La Yougoslavie est tristement célèbre pour ses séismes (Skopje), mais pourtant il n'y existe aucun volcan actif. Il en est de même pour la Chine, cimetière sismique sans volcan. A l'inverse, les îles d'Islande ou de La Réunion sont réputées pour leurs spectaculaires éruptions volcaniques ; si elles ne sont pas exemptes de séismes elles ne sont pas vraiment menacées par ces fléaux. Comme on pourrait dire en termes scientifiques, il existe une certaine corrélation géographique entre séismes et volcans mais elle est loin d'être parfaite. Il y a « familiarité », il n'y a pas identité de répartition entre les deux phénomènes, comme l'avaient noté déjà les Japonais archaïques. Pendant plus d'un siècle les géologues et les géophysiciens ont spéculé sans succès sur cette association géographique approximative. Ils ont d'abord cru que les séismes avaient pour cause les volcans. Le mérite de l'ingénieur français Montessus de Ballore est d'avoir montré à la fin du XIXe siècle, grâce à des études de répartitions géographiques détaillées, que les gros séismes n'étaient pas en général provoqués par les volcans. Pourtant, l'idée que les séismes étaient la manifestation de volcans avortés resta fort répandue pendant longtemps et ne disparut pas totalement des esprits et de l'opinion. L'épanouissement de la séismologie intrumentale au début du XXe siècle étouffa l'idée de liaison immédiate. Pourtant une certaine liaison causale semblait appuyée par la géographie, sans qu'on en comprenne bien le sens.

La tectonique des plaques

Ce n'est que vers les années 1960-1970 que l'avènement de la théorie de la tectonique globale a permis de comprendre l'association *imparfaite* entre séismes et volcans. L'article des trois sismologues du Lamont Geological Observatory à New York, Brian Isaacks, Jack Oliver et Lynn Sykes dans le *Journal of Geophysical Research* en 1968 est sans nul doute l'événement qui cristallise le mieux cette prise de

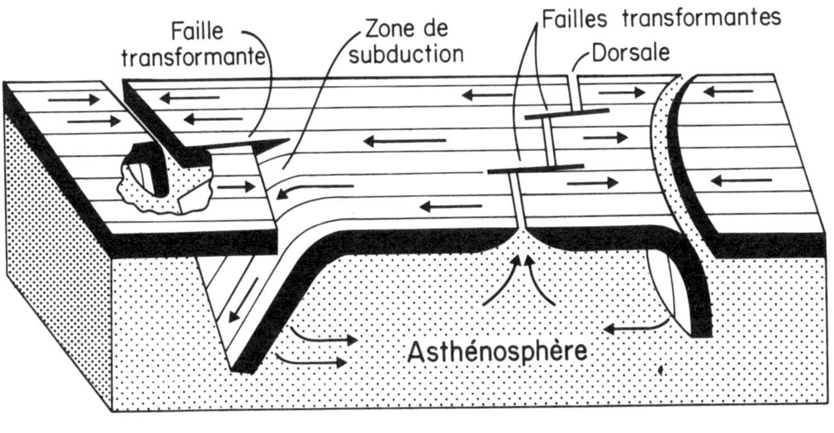

Figure 1. Ce bloc diagramme d'après l'article original de Isaaks Oliver et Sykes illustre les principaux éléments de la tectonique des plaques et en particulier les trois types de frontières de plaques : dorsales océaniques, zones de subduction, failles transformantes.

conscience. Il montre comment toutes les observations séismologiques peuvent être rassemblées en un tableau cohérent grâce au modèle qui s'appellera bientôt la tectonique des plaques.

La surface de la Terre est formée d'une coquille rigide de 100 kilomètres d'épaisseur. Sous cette coquille, l'intérieur du globe est plastique, un peu pâteux. Cette coquille est découpée en un certain nombre de provinces géographiques indépendantes que l'on appelle des plaques.

Ces domaines, ces plaques ne sont pas immobiles, elles glissent sur le manteau pâteux sous-jacent et, par là même, modifient leurs positions relatives et leurs frontières. Leurs dimensions varient, leurs positions géographiques aussi car pour être rigides, les plaques n'en sont pas moins éphémères. Et ceci doublement. Le matériau qui les constitue, qui forme la coquille, est en perpétuel renouvellement. Il se fabrique, se crée, naît en bordure de ces grandes ceintures volcaniques qui parcourent le fond des océans et que l'on appelle les dorsales médio-océaniques. Ainsi la dorsale médio-atlantique qui de l'Islande à l'île de Bouvet parcourt l'axe de l'océan Atlantique ou la dorsale indienne qui s'étend de l'île Rodriguez au golfe d'Aden à travers l'océan Indien, ou la dorsale Est-Pacifique qui depuis le Chili jusqu'au Mexique borde le continent latino-américain pour disparaître dans le golfe de Californie. Une fois formés aux dorsales, rapidement solidifiés, les deux morceaux de plaques nouveau-nés et jumeaux dérivent de part et d'autre de leur dorsale océanique symétriquement, comme s'ils étaient emportés par un tapis roulant.

Après un trajet plus ou moins long, les plaques issues de l'intérieur du manteau y replongent. Elles replongent dans des régions du globe très particulières, comme le pourtour du Pacifique. Cette descente vers les entrailles de la Terre se marque en surface par l'existence de profondes cicatrices que sont les grandes fosses océaniques, dont la profondeur dépasse parfois 10 kilomètres au-dessous de la surface de la mer. Fosses des Kouriles, fosse du Japon, fosse des Tonga ou fosse de Porto Rico, voilà autant de zones où les plaques plongent vers les entrailles de la Terre. Ces zones de plongement des plaques sont appelées en termes scientifiques zones de subduction, du latin *subducere,* tirer vers le bas.

Le matériel rigide des plaques est en perpétuel renouvellement par un mouvement que l'on pourrait croire immuable et cyclique. Il n'en est rien. Pour certaines plaques la fabrication de surface excède la destruction, leur taille augmente. D'autres au contraire sont inexorablement englouties dans une zone de subduction trop vorace qui finit par manger la dorsale nourricière elle-même. Bref, tout ce ballet que l'on croit bien réglé est un véritable tourbillon. Tourbillon certes, mais à l'échelle des temps géologiques. A l'échelle de la centaine de millions d'années, durée qu'il faut pour créer le plancher de l'océan Atlantique. La vitesse de création, d'expansion ou de subduction des plaques se mesure en centimètres par an. Comme on le voit, ce n'est pas cette vitesse qui menace directement l'homme. Et pourtant...

Un point important sur lequel il faut maintenant insister c'est que cette tectonique des plaques avec sa création aux dorsales, sa dérive latérale, sa subduction dans les profondeurs ne concerne que le domaine océanique. Les continents ont un rôle à part dans ce cycle. Ils ne sont pas formés aux dorsales et ils ne plongent pas dans le manteau. Ils constituent des morceaux de croûte épaissie de composition chimique ou de nature très spéciale incrustés dans les plaques océaniques, ils sont donc solidaires de ces vastes mouvements. Beaucoup plus grand que celui des planchers océani-

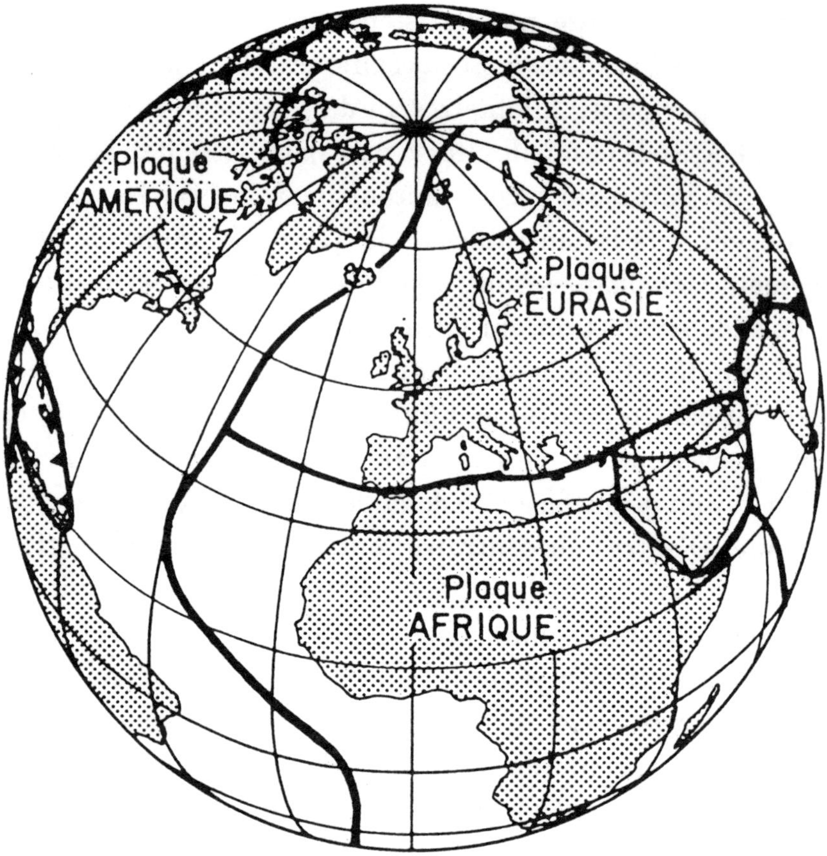

Figure 2. Ces figures illustrent le modèle à sept plaques de Xavier Le Pichon. On distingue :

La plaque Afrique limitée à l'ouest par la dorsale Atlantique, au sud et à l'est par la dorsale Indienne. Au nord d'une manière moins nette, d'abord par la mer Rouge, puis par une série de failles transformantes qui parcourent les bordures nord de la Méditerranée pour rejoindre la dorsale Atlantique par une grande faille qui va de Gibraltar aux Açores.

La plaque Eurasie est limitée à l'ouest par la dorsale Nord-Atlantique, à l'est par une série de zones de subduction qui vont des Kouriles jusqu'en Indonésie. Cette zone rejoint l'Himalaya, l'Iran et la zone de fractures nord-méditerranéenne que nous avons vue.

La plaque Indienne est limitée à l'ouest par la dorsale médio-Indienne, au sud par la dorsale circum-Antarctique, vers le nord la limite est située au niveau de l'Iran et de l'Himalaya et est considérée alors comme une zone de subduction reliée à une série de zones de subduction comprenant la fosse de Java, l'arc de Banda, la zone de Nouvelle-Guinée, les fosses de Tonga-Kermadec, Nouvelle-Zélande. On notera que font partie intégrante de cette plaque l'Inde et l'Australie et que les rapports de subduction de cette plaque avec la plaque Pacifique ne sont pas simples.

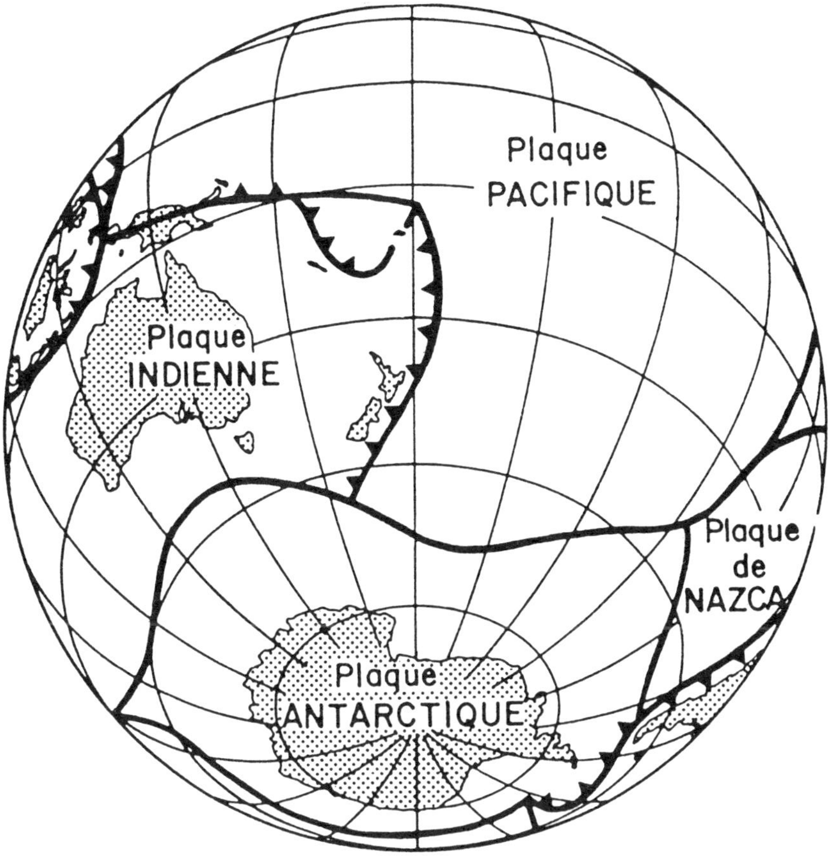

La plaque Pacifique comprend l'ensemble de l'océan Pacifique. Elle est bordée à l'ouest par un feston de zones de subduction, à l'est par la dorsale Est-Pacifique interrompue entre le golfe de Californie et la dorsale Juan da Fuca par la faille transformante de San Andreas.
La plaque Antarctique qui comprend l'océan et le continent antarctiques est bordée tout autour de dorsales qui l'entourent.
La plaque Amérique est bordée à l'est par la dorsale médio-Atlantique. A l'ouest, ses frontières sont celles du continent américain dont la nature est géologiquement complexe. Elle débute par une zone de subduction au nord (cordillère canadienne) suivie d'une zone transformante (faille San Andreas) puis une série de fosses de subduction du golfe de californie à la Terre de Feu.
Dans l'intervalle entre le continent sud-américain et la dorsale Est-Pacifique, Le Pichon place la *plaque de Nazca.*

En fait, cette division en sept plaques laisse des zones d'ombres que l'on modifiera rapidement. L'Arabie est-elle une plaque limitée par l'Iran au nord, la dorsale de la mer Rouge au sud ? Les Caraïbes limitées à l'ouest et à l'est par deux subductions ne sont-elles pas autonomes ? Ces nouvelles divisions conduiraient à une division du globe en treize plaques.

ques, l'âge de la croûte continentale se compte en milliards d'années, celui des planchers des océans en millions. Comme des plaques de liège à la surface de l'eau, ils sont mobiles, solidaires des mouvements du fluide qui les entraîne, mais ils ne plongent jamais vers les profondeurs.

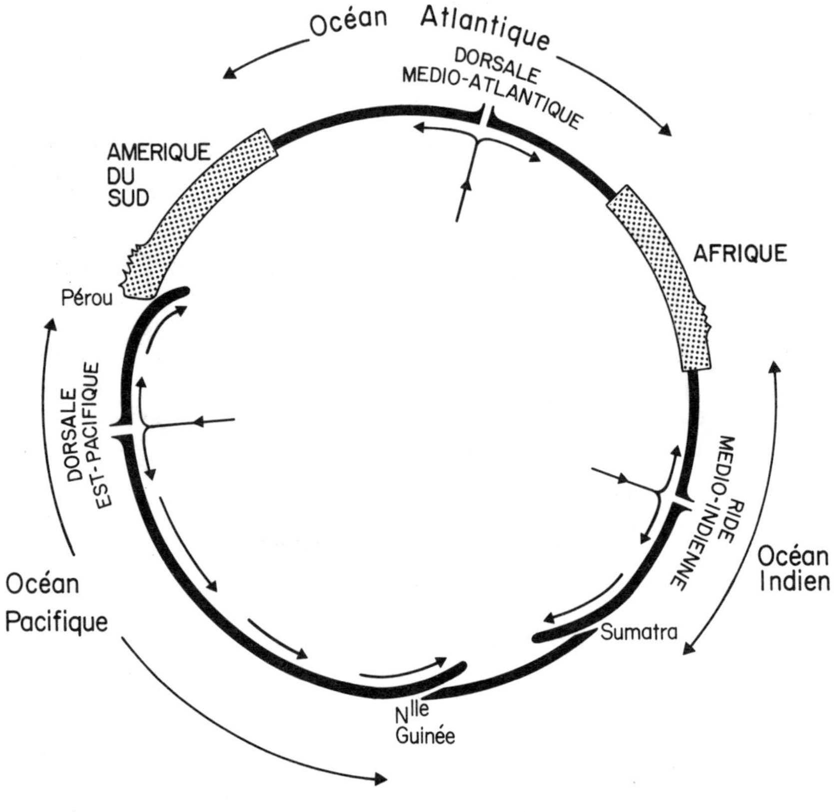

Figure 3. Coupe symbolique de la Terre montrant les relations de surface entre les diverses plaques. On y distingue les dorsales en expansion et les zones de subduction où la croûte océanique plonge dans l'intérieur du globe.

Ces mouvements de la surface du globe ont eu lieu pendant des millions d'années. La géographie du globe s'est donc constamment modifiée au cours du temps. Pourtant, pour comprendre ce qui nous intéresse, à savoir la répartition des séismes et des volcans, il suffit d'en connaître la topologie actuelle. Elle est caractérisée par l'existence d'une douzaine de plaques distinctes. Chaque plaque possède des frontières. Ces frontières sont de trois types. La *dorsale* est la frontière génitrice, sans elle la plaque vieillit et meurt. La *fosse* est la frontière destructrice. Avec elle les matériaux de la plaque retournent à leur source originelle, l'intérieur du globe. Il existe un troisième type de frontières, ni dorsale ni fosse, qui sont tout simplement des cassures le long desquelles les divers ajustements de ces mouvements multiples et complexes ont lieu. Les cassures sont destinées à relier les morceaux de dorsales ou de fosses qui progressivement changent d'orientation ou de taux d'expansion, à faire en sorte que localement la transition entre une zone d'expansion et une zone de subduction se fasse sans mettre à mal la logique globale. Tel est le rôle des failles multiples qui hachent la dorsale Nord-Atlantique ou Est-Pacifique et dont certaines ont des noms désormais célèbres comme Vema ou Mendocino. Tel est le rôle de la faille de Chaman qui joint la dorsale indienne à la zone de subduction himalayenne ; telle est la faille de San Andreas liant la dorsale Est-Pacifique à la dorsale de Juan da Fuca.

Ces structures particulières sont des failles, mais des failles particulières que l'on appelle *failles transformantes* parce qu'elles permettent la transformation d'un mouvement en un autre mouvement différent, en respectant la « règle du jeu », à savoir que les plaques sont rigides. En effet, malgré leurs mouvements compliqués, les plaques ne se déforment jamais. Seules les frontières se déforment, évoluent, s'ajustent aux divers mouvements. Seules les frontières participent activement à cette extraordinaire aventure qu'est la modification permanente de la géographie terrestre. Seules les frontières vont dissiper cette formidable quantité d'énergie accumulée par la machine terrestre. Les deux manifestations les plus spectaculaires de cette dissipation sont, nous l'avons dit, les séismes et les volcans.

Géographie sismique

Comparons la carte des séismes et celle des frontières de plaques. Les dorsales sont le siège de tremblements de terre nombreux bien que relativement modestes, et qui n'affectent pas beaucoup la tranquillité des hommes car ils ont lieu à 1 000 ou 2 000 mètres sous l'eau. Les fosses sont non seulement le siège des séismes les plus violents, les plus spectaculaires et les plus meurtriers (Mexico, Guatemala, Chili, Japon), mais elles ont l'exclusivité des tremblements de terre profonds. Les tremblements de terre sont en général localisés dans les cinquante premiers kilomètres de l'écorce terrestre, sauf dans les zones de fosses. Là on constate que les tremblements de terre peuvent se produire à 300, 400 et jusqu'à 700 kilomètres. L'étude détaillée de leur localisation a permis au Japonais Wadati puis à l'Américain Hugo Benioff de montrer que dans chaque région ils se localisent sur un plan incliné plongeant de la surface vers l'intérieur. Certains de ces « plans » atteignent 700 kilomètres de profondeur (Chili), d'autres sont plus courts (Mexique). Certains sont très inclinés (Mariannes), d'autres sont en pente très douce (Chili, Alaska). La tectonique des plaques permet de comprendre le pourquoi de ces observations. Si les tremblements de terre sont des phénomènes liés à la cassure des ensembles rocheux rigides, et si la seule partie vraiment rigide du globe est constituée par les plaques superficielles,

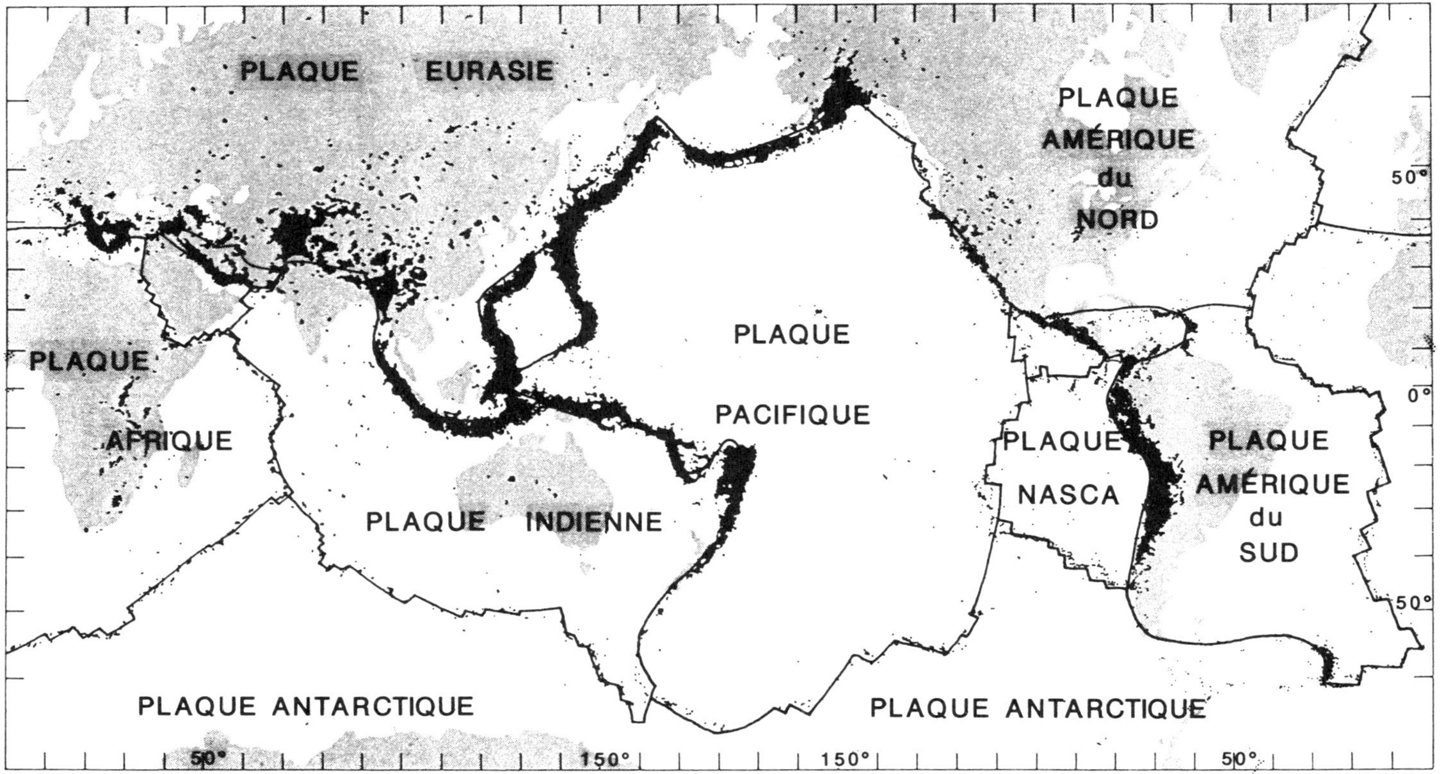

Figure 4. Carte mondiale des 30 000 séismes enregistrés entre 1961 et 1967 d'après M. Barazangi et H.J. Dorman. On a fait figurer également les diverses plaques avec leurs limites.

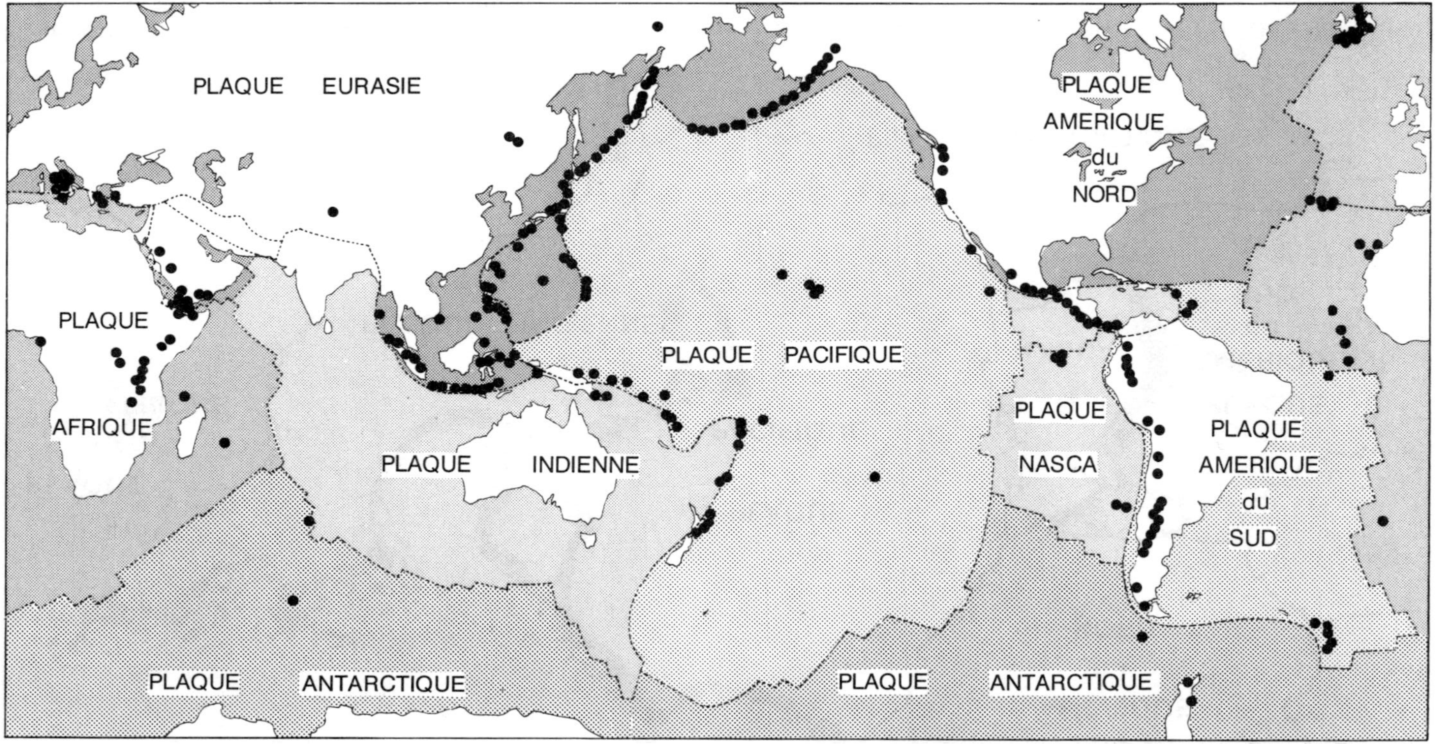

Figure 5. Carte mondiale des volcans actifs (c'est-à-dire ayant eu une activité historique). Comme pour la carte des séismes on a fait figurer les limites des diverses plaques d'après Kraft.

alors on comprend que les séismes soient eux aussi superficiels. Dans les régions où les plaques froides, rigides, s'enfoncent, les tremblements de terre peuvent aussi s'enfoncer avec elles. Ailleurs, les entrailles de la Terre bien que solides sont trop « molles » pour être le siège de cassures. Comme l'ont développé Uyeda et Kanamori, l'inclinaison du plan de Benioff dépend de l'équilibre local des forces qui s'exercent sur la surface de la Terre. Dans le type Chili la plaque qui subducte s'enfonce en force et le plan est un peu incliné, dans le type Marianne la plaque tombe, s'effondre dans le manteau. La zone de surface est en extension. On voit donc qu'il existe toute une évolution et une typologie dans les zones de subduction.

Tremblements aux dorsales, tremblements dans les zones de fosses, les tremblements de terre existent aussi le long des failles transformantes. Ils y sont d'ailleurs particulièrement violents, que ce soit le long de la faille de San Andreas en Californie (San Francisco, 1906), le long de la faille d'Anatolie (Erzincan, 1939) ou du Jourdain (Jéricho, 1250). Ce sont ces tremblements de terre que les Méditerranéens ont le plus redoutés et redoutent encore à juste titre.

Résumons : les limites de plaques, là où elles frottent les unes contre les autres, là où elles s'affrontent, là où elles plongent dans l'intérieur du globe, sont les lieux des tremblements de terre.

Géographie volcanique

Une comparaison entre la carte des volcans actifs et celle des limites de plaques fait apparaître, là encore, une coïncidence remarquable. Les zones de fosses océaniques, de subduction sont aussi des zones de volcanisme actif et même explosif. Le Japon, l'Indonésie, les Philippines, la Nouvelle-Guinée, l'Alaska, l'ouest des États-Unis, le Mexique, l'Équateur, le Pérou, le Chili, l'Italie, la Grèce, les mêmes noms de lieu se répètent après l'énumération des zones sismiques. Les zones de dorsales sont aussi des zones de volcanisme actif et quasi permanent. Ce volcanisme est peu spectaculaire car il se manifeste à 1 000 ou 2 000 mètres sous la mer, affleurant rarement à la surface. Pourtant l'exploration des fonds marins en soucoupe plongeante a permis de bien observer toutes les manifestations volcaniques, coulées basaltiques ou débris volcaniques éclatés. En revanche, et c'est là une différence essentielle avec la répartition des tremblements de terre, les failles transformantes ne portent pas de volcans. Pas de volcans actifs en Yougoslavie, ni en Turquie au nord, ni sur la faille de San Andreas, ni sur celle

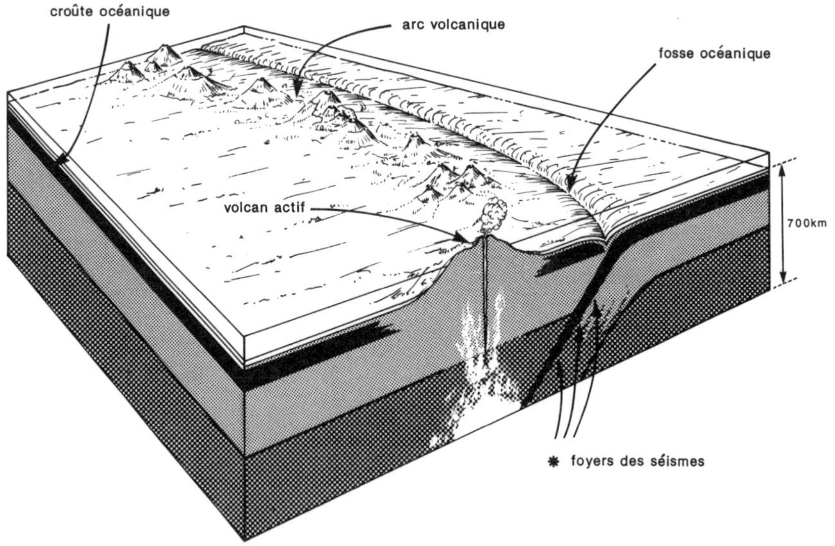

Figure 6. Bloc diagramme illustrant les principaux éléments d'une zone de subduction avec fosse océanique, séismes et volcans.

du Jourdain. A ces endroits où les bords des plaques frottent les uns contre les autres, il n'y a aucun transfert de matière vertical et donc aucune remontée de matériel de l'intérieur vers la surface, donc pas de volcanisme actif.

Le volcanisme des dorsales et un volcanisme sous-marin formé de coulées de laves. Le volcanisme des zones de subduction est parfois sous-marin, le plus souvent aérien, mais toujours explosif. Ce caractère explosif, associé à sa présence dans les zones côtières habitées, donne à ce volcanisme des zones de fosses le caractère meurtrier qu'on lui connaît. C'est lui qui fait 98 % des victimes des éruptions volcaniques, c'est lui qui menace des villes et des intérêts économiques. C'est celui du Vésuve, comme de la Soufrière de la Guadeloupe, du mont Saint-Helens, comme du Santorin, du Japon, comme de Java, du Mexique, de Colombie. C'est donc vers lui que nous concentrerons nos efforts.

La tectonique des plaques vient de nous permettre de faire un grand pas dans l'explication de la répartition géographique des séismes et des volcans. Si l'on combine tectonique des plaques et zones immergées on peut résumer simplement. Les zones de subduction péricontinentale sont très dangereuses pour l'homme car elles portent à la fois la menace volcanique et sismique. Les zones de failles transformantes qui traversent les continents sont menacées par les tremblements de terre mais non par les volcans. Pourtant, ces règles ne sont pas suffisantes car la tectonique des plaques n'explique pas tout.

Les points chauds

L'explication que nous venons de donner sur la répartition des volcans actifs laisse de côté des cas pourtant spectaculaires : les îles Hawaii, les Açores, les Canaries, la Réunion, Tahiti, et plus près de nous le Massif central et ses volcans éteints. Aucun de ces lieux n'est sur une frontière de plaque dûment répertoriée, pourtant les manifestations volcaniques datant de moins d'un million d'années et parfois contemporaines ou historiques sont incontestables. Les éruptions du Kilauea sont à la une des journaux chaque année, de même que celles de la Réunion, les Açores sont coutumières du fait, quant à la chaîne des Puys, chaîne volcanique incontestable dont le sommeil est acquis, son caractère provisoire ou définitif est le sujet de controverses.

Pour expliquer ces volcans, le Canadien Tuzo Wilson puis l'Américain Jason Morgan ont proposé la théorie dite *des points chauds (hot spots)*. Il existerait à l'intérieur du globe des zones chaudes beaucoup plus profondes que les zones où pénètrent les plaques à partir desquelles des jets de magma chaud seraient émis verticalement.

Ces jets perforent les plaques et arrivent à la surface, formant une pustule, un volcan au milieu des plaques. Lorsque les plaques défilent sur leur tapis roulant et que ces jets sont multiples, ils créent de véritables chapelets d'îles. Ainsi le point chaud du Pacifique central a-t-il créé la chaîne linéaire des îles d'Hawaii, grâce au mouvement rapide de la plaque Pacifique (5 cm/an). Lorsqu'au contraire le mou-

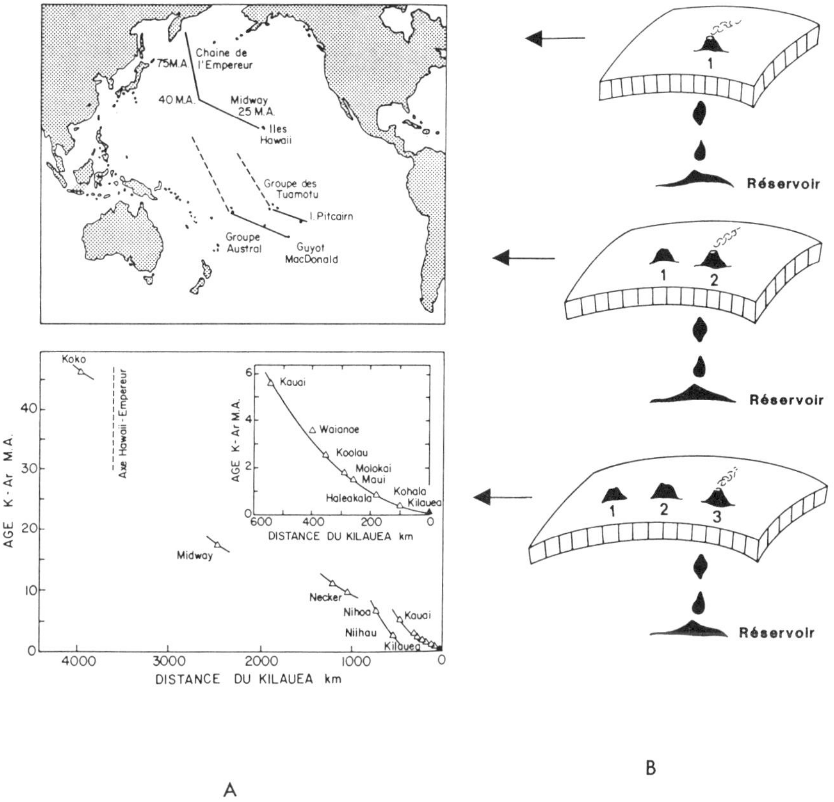

Figure 7. Schéma expliquant la formation d'une chaîne volcanique. Un point fixe situé sous la lithosphère émet des « bulles » de magma. La lithosphère défile au-dessus de ce point chaud et se trouve donc « poinçonnée » par les bulles de magma donnant naissance à la surface à une série de pustules. Le résultat est un alignement des structures de perforation.

vement des plaques est lent (1 ou 2 cm/an) les jets de points chauds donnent naissance à des archipels d'îles en grappes comme les Açores ou les Canaries dans l'Atlantique nord.

Cette explication du volcanisme à l'intérieur des plaques est en accord avec deux observations faites autour des îles Hawaii. Premièrement l'âge du volcanisme d'Hawaii est beaucoup plus jeune que celui du plancher océanique qui l'entoure. Deuxièmement, l'âge des différentes îles augmente régulièrement lorsqu'on va vers l'ouest.

A la répartition selon les frontières de plaques il faut donc ajouter un nouveau volcanisme, situé à l'intérieur des plaques. Il est beaucoup plus imprévisible puisque jusqu'à ce jour nous n'avons aucune théorie complète expliquant la répartition géographique des points chauds. Ces volcans de points chauds émettent des produits sous forme de laves fluides. Le caractère explosif des éruptions est modéré mais pas nul.

A ce type appartiennent des volcans célèbres de Hawaii, Tahiti, les Açores, les Canaries, Madère, la Réunion, les îles Galapagos, l'île de Pâques, l'Etna si proche. Les volcans du Massif central étaient de ce type, ceux tout aussi éteints du Tibesti ou de l'Eiffel également *.

L'Islande constitue un cas particulier unique. Il s'agit ici d'un point chaud qui est venu s'injecter dans une dorsale océanique et y demeure. C'est une sorte de structure hybride dorsale-point chaud. A partir de là les phénomènes deviennent complexes et sont sans aucun doute à l'origine du fait que l'Islande est la région du monde dont l'activité volcanique est la plus grande.

* Rappelons que, par contre, les volcans de la Guadeloupe ou de la Martinique pas plus que ceux du Japon ou d'Indonésie ou le mont Saint-Helens aux États-Unis n'appartiennent à ce type mais à celui du volcanisme d'arc, de frontière de plaque.

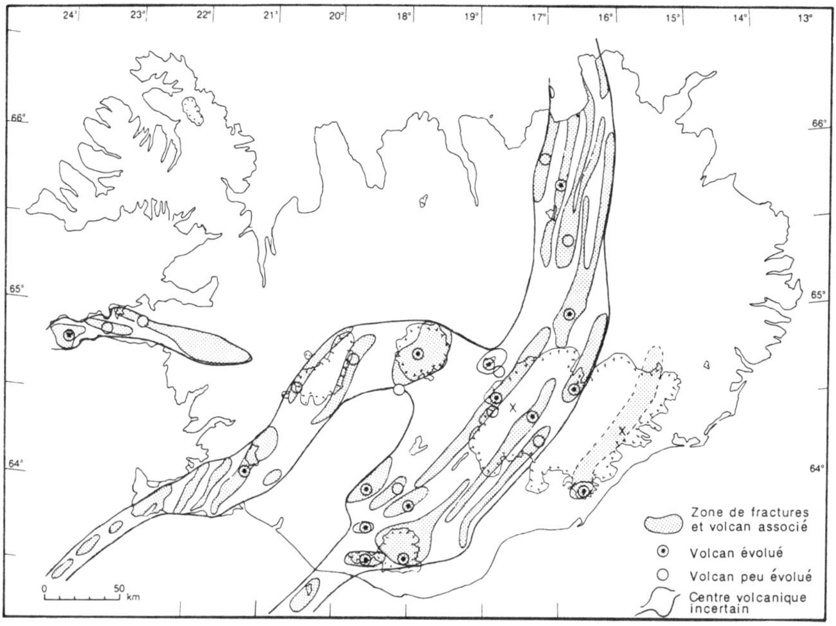

Figure 8. Carte de l'Islande avec ses volcans actifs. En grisé, la zone volcanique active, en pointillés les glaciers permanents.

Collision de continents et cicatrices anciennes

La tectonique des plaques toute simple n'était pas capable d'expliquer tous les volcans. Elle n'est pas non plus capable d'expliquer certains tremblements de terre et non des moindres. Ceux de Chine du Nord (Xi'an, 1556, 853 000 morts ; Tanshan, 1976, 700 000 morts) qui ont peuplé les annales sismiques du plus grand nombre de victimes, mais aussi ceux de Chine du Sud, du Yunnan. Celui d'Agadir qui tua 10 000 personnes en 1960, ceux du centre des États-Unis (Nouvelle-Madrid, 1811-1912) ou plus modestement ceux qui ont affecté Colchester en Angleterre ou l'île d'Oléron en

France qui, pour être infiniment plus modestes, n'en ont pas moins suscité de petites paniques.

Aucun de ces tremblements de terre n'est sur une frontière de plaque. Alors ? La règle de la tectonique des plaques et de l'exclusivité des frontières semble là encore violée !

Pour les expliquer il faut comprendre comment les continents actuels se sont formés. Les continents jouent dans le scénario des plaques un rôle très spécial. Ils dérivent, se déplacent avec les plaques qui les portent mais ne plongent jamais dans le manteau. Chacun sait aujourd'hui que l'Atlantique sud s'est formé lorsque l'Afrique et l'Amérique du Sud se sont séparées et se sont éloignées l'une de l'autre suivant l'histoire qu'avait su déchiffrer Wegener.

Mais on sait moins que les dérives de radeaux continentaux sont parfois semées d'embûches à savoir que deux radeaux à la dérive entrent en collision. Ainsi en fut-il lorsque l'Inde, fragment d'Afrique en errance vers le nord, a rencontré il y a environ 45 millions d'années le grand continent asiatique. De cette collision est né le plus grand ensemble montagneux du monde, le complexe Tibet-Himalaya. De cette collision est née la nouvelle Asie, car l'Inde s'est soudée au continent asiatique, en constituant l'éperon sud. De cette collision reste aujourd'hui une trace, la cicatrice près de laquelle coule le fleuve Yalong Tsangpo, comme pour panser la blessure. Cette cicatrice est une immense zone de faille et, comme telle, elle accueille des tremblements de terre parfois très puissants. Mais l'épisode de collision Inde-Asie n'est pas isolé. Toute l'Asie est en fait constituée de blocs qui sont venus se coller les uns aux autres en une séquence qui n'est pas encore bien comprise. L'Europe et l'Afrique sont entrées en collision de multiples fois. La dernière ayant donné lieu à la formation des Alpes, la prochaine aura lieu dans moins de 20 millions d'années et fera disparaître la Méditerranée.

Toutes ces collisions ont laissé des cicatrices, failles géantes qui avec le temps se cicatrisent, se referment, se solidifient. Pourtant lorsque le continent auquel elles appartiennent désormais est soumis à des contraintes trop fortes qui tendent à le déformer, à le tordre, c'est sur ces anciennes blessures que la rupture va avoir lieu, que les tremblements de terre seront localisés.

Ainsi l'Inde, qui continue à enfoncer l'Asie comme un poinçon s'enfonce dans un morceau de plastique, suivant l'image de Paul Tapponnier, provoque le réajustement des blocs qui constituent le continent asiatique. Et cette pénétration de l'Inde provoque les tremblements de terre de

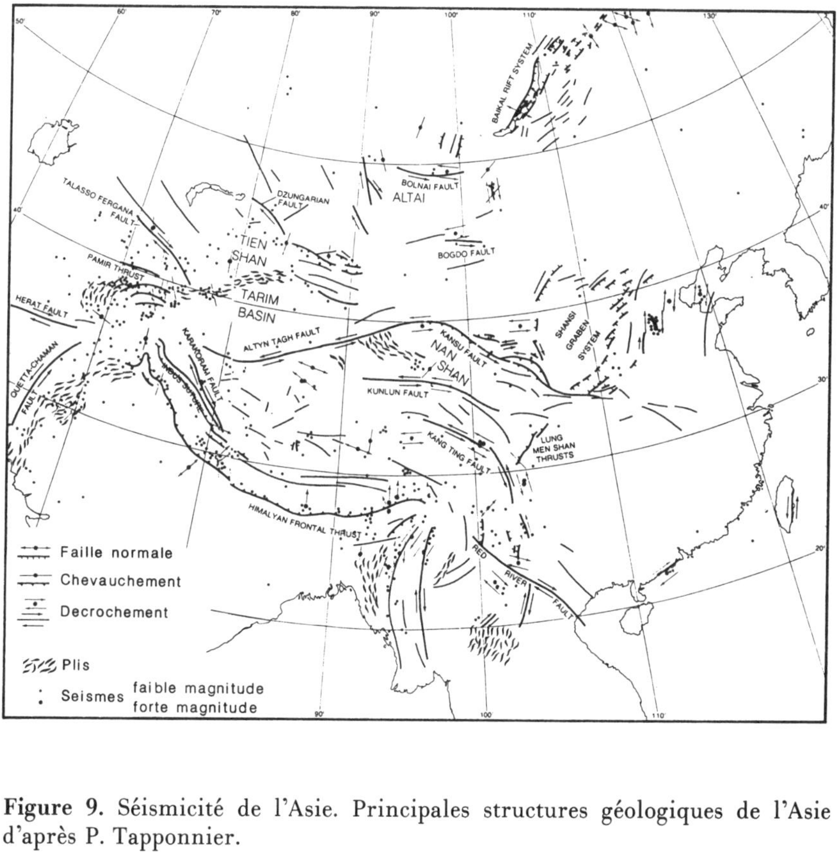

Figure 9. Séismicité de l'Asie. Principales structures géologiques de l'Asie d'après P. Tapponnier.

Chine du Nord ou du Sud, ceux qui sont parmi les plus meurtriers du monde.

Ainsi l'Afrique, qui continue à affronter l'Europe, crée-t-elle des tensions, certes légères, sur notre continent, provoquant ici et là des réajustements. La vieille cicatrice hercynienne qui coupe la France en diagonale de l'île d'Oléron aux Cévennes, et ses ramifications glissent parfois pour accommoder ces tensions, d'où les petits tremblements de terre qui ont lieu sur notre territoire.

Voilà un schéma qui complète l'explication de la carte mondiale des séismes. Si l'on veut rester dans une praxis de tectonique des plaques on peut dire que les séismes se localisent d'abord sur les frontières des plaques actuelles, ensuite sur les anciennes frontières de plaques transformées en sutures continentales. L'activité sismique de ces sutures décroît avec leur âge comme si avec le temps elles se cicatrisaient.

Risques sismiques et risques volcaniques

Nous avons donc à notre disposition deux cartes, sismique et volcanique, et une théorie explicative, un mode d'emploi. Que peut-on déduire quant aux risques volcaniques et sismiques ?

La totalité des tremblements de terre et des éruptions volcaniques historiques ont a lieu dans l'une des zones définies par les cartes que nous venons de commenter ; qui plus est, les 99,9 % des tremblements de terre ont eu lieu sur des failles existantes, connues, répertoriées, 98 % des éruptions volcaniques affectent des volcans déjà en activité. Le volcan Paricutin apparu *ex nihilo* dans un champ du Mexique en 1947 est un exemple assez isolé. Pour être complet il faudrait ajouter quelques nouveaux volcans sous-marins apparus au Japon, aux Açores ou autour de l'Islande, mais pour ce qui menace l'homme, la règle de l'apparition d'une nouvelle manifestation sur un édifice déjà existant est tout à fait suffisante.

Les cartes sismiques et volcaniques sont des instruments extrêmement efficaces pour la surveillance sismique et volcanique. Ce sont même de loin les documents les plus fiables et sur lesquels on peut s'appuyer sans réserve. On peut alors faire un petit calcul simple. Il existe sur le globe *un millier de volcans ayant eu une activité récente et 500 actuellement actifs*. En admettant que chacun menace une surface de 1 500 kilomètres carrés, le total des surfaces menacées est de 1,5 million de kilomètres carrés, *soit 1 % des terres émergées*. Sachant que le total des zones de subduction et des failles transformantes, sur ou adjacente aux terres immergées, représente 50 000 kilomètres et que l'on donne à chaque zone sismique une largeur de 300 kilomètres, le total est de 15 millions de kilomètres carrés, soit *10 % des terres émergées*. Ce calcul très grossier et très simple est pourtant entièrement corroboré par le nombre de victimes. De 1600 à 1980 il y a eu environ 260 000 victimes des éruptions volcaniques et 2 500 000 morts causées directement ou indirectement par les tremblements de terre. Le facteur dix se retrouve bien.

On peut alors se poser la question suivante : pourquoi ne pas évacuer les zones à risques, pourquoi ne pas vivre ailleurs ? Dans ce cas va-t-on évacuer toute la Californie de San Francisco à Los Angeles ? Va-t-on déplacer la capitale du Mexique ? Le Japon tout entier peut-il être évacué ? La Chine du Nord, Pékin compris également, mais aussi tout le Yunnan, une partie du Sichuan (100 millions de personnes !) sans compter la côte du Chili, les Philippines ou les îles indonésiennes ? Comme on le voit, la protection des séismes par évacuation préventive permanente est impensable pour une raison simple : les zones frontières de plaques constituent des accidents majeurs de l'écorce terrestre dont la géographie tire profit. Ce sont les transitions océan-continent, autrement dit les bords de mer. Tous les bords de mer ne sont pas des limites de plaques mais beaucoup le sont, en particulier dans le pourtour du Pacifique. Ce sont de grandes failles parcourues par des fleuves, donc gorgées d'alluvions fertiles, comme en Chine du Nord.

Laissons donc provisoirement la protection contre les séismes. Pour les volcans actifs dont il suffit d'éviter les abords immédiats, n'y a-t-il rien à faire ? Là encore la situation économique commande tout.

Les sols volcaniques sont des sols très riches. Ceci est particulièrement vrai dans les régions tropicales. De ce fait il est impossible d'exiger des populations qu'elles délaissent les pentes des volcans, surtout lorsque ces populations sont sous-alimentées. Dans le cas des îles volcaniques comme Hawaii, l'abandon du volcan équivaudrait à l'abandon de l'île ; dans le cas de l'Indonésie, ce serait la famine assurée. Et pourtant dans ce pays 170 000 personnes ont péri depuis trois siècles dans des éruptions volcaniques !

Pourtant petit à petit, les hommes prennent l'habitude de ne pas installer de trop grosses agglomérations sous la menace immédiate des volcans actifs. Certes cette tendance est lente et ne se fait que sous la pression des événements, mais elle existe. Ainsi Saint-Pierre de la Martinique, autrefois capitale de cette île, détruite par l'éruption cataclysmique de 1902, n'est plus aujourd'hui qu'une petite bourgade facile à évacuer. On peut se demander s'il faudra une pareille catastrophe pour que l'importance démographique de Basse-Terre, menacée directement par une éventuelle éruption de la Soufrière, soit réduite. Plus difficile est bien sûr le déplacement de Quito, capitale de l'Équateur, menacée directement par le volcan Cotopaxi ou celui de Naples sous la menace périodique du Vésuve, sans parler des villes japonaises qui toutes avoisinent peu ou prou un volcan, sans parler de la ville industrielle de Hokkaido, Sapporo, située directement sous un volcan. Alors, la cartographie sismique ou volcanique ne servirait-elle à rien ?

Tout d'abord elle sert à définir les zones où le risque est minime. Ainsi la Scandinavie, l'Écosse, l'Allemagne, la Pologne, la Russie, le Canada, le Brésil, l'Afrique de l'Ouest, l'Inde méridionale sont-ils exempts de soucis de ce côté. La France métropolitaine elle-même est un pays à risques minimes. Dans un récent catalogue des zones de risques de catastrophes naturelles, la métropole de notre pays ne figure même pas dans l'index ! Peut-on conclure que nous sommes totalement à l'abri ? Pour ce qui concerne le risque volcanique, rien ne paraît sérieux tant il est vrai que nos volcans auvergnats semblent bien éteints. Pour ce qui est du risque sismique, certes il y a eu le tremblement de terre de Menton (1887), de Lambesc près d'Aix-en-Provence (1909), puis plus près de nous celui d'Oléron (1958), et celui du petit village ariégeois d'Arette (1967). Le risque n'est donc pas absolument nul. Il faut pourtant tête froide garder et se rappeler que, si nos compatriotes avaient des soucis à se faire pour les séismes, les Italiens alors ne devraient pas fermer l'œil ! Quant aux Japonais ou aux Mexicains ils devraient émigrer au plus vite. Ceci ne signifie pas pour autant qu'il faille construire sur les failles et éviter de prendre des mesures parasismiques sur la Côte d'Azur, mais sans exagération ni psychose.

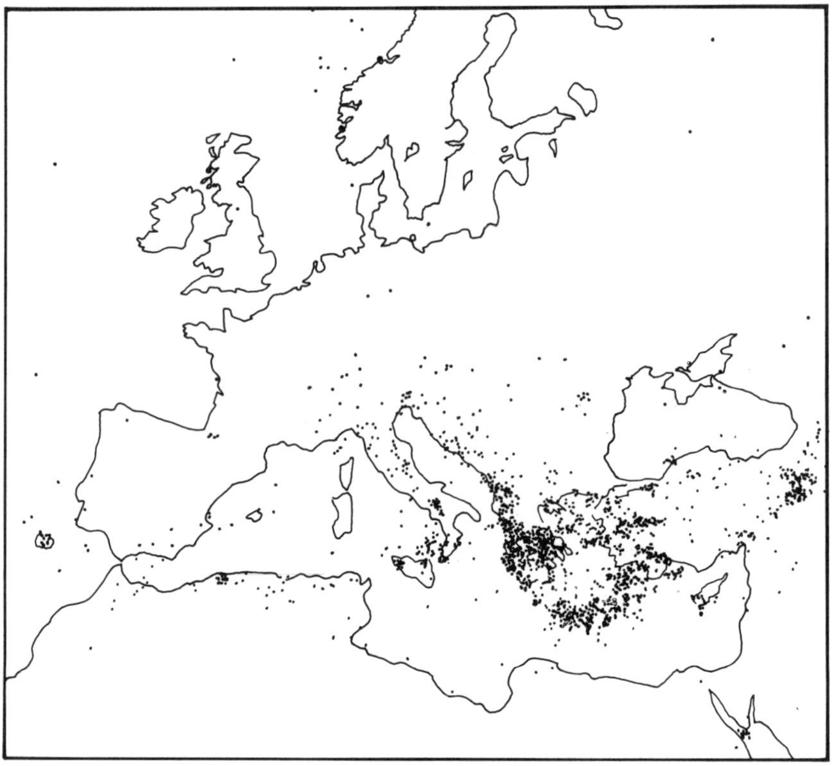

Figure 10 a. Carte de la séismicité en Méditerranée entre le 1er janvier 1976 et le 31 décembre 1981 déterminée par le centre méditerranéen de Strasbourg (magnitude > 4,5). On notera la concentration en Grèce et en Italie (la séismicité du Moyen-Orient est exclue de la carte).

Pourquoi cette situation ? La ligne de partage entre Afrique et Europe passe en Grèce, où la géométrie est complexe et met en jeu une mosaïque de petites plaques. En Grèce du Sud, le plancher de la Méditerranée plonge dans l'intérieur vers le nord. En Grèce du Nord, les failles d'Anatolie se poursuivent jouant un rôle de faille de coulissage horizontal. La Grèce est donc sous la menace de tremblements de terre d'origines variées, profonds vers le sud et liés à l'enfoncement océanique, superficiels vers le nord et attachés au fonctionnement des failles transformantes. Cette zone de

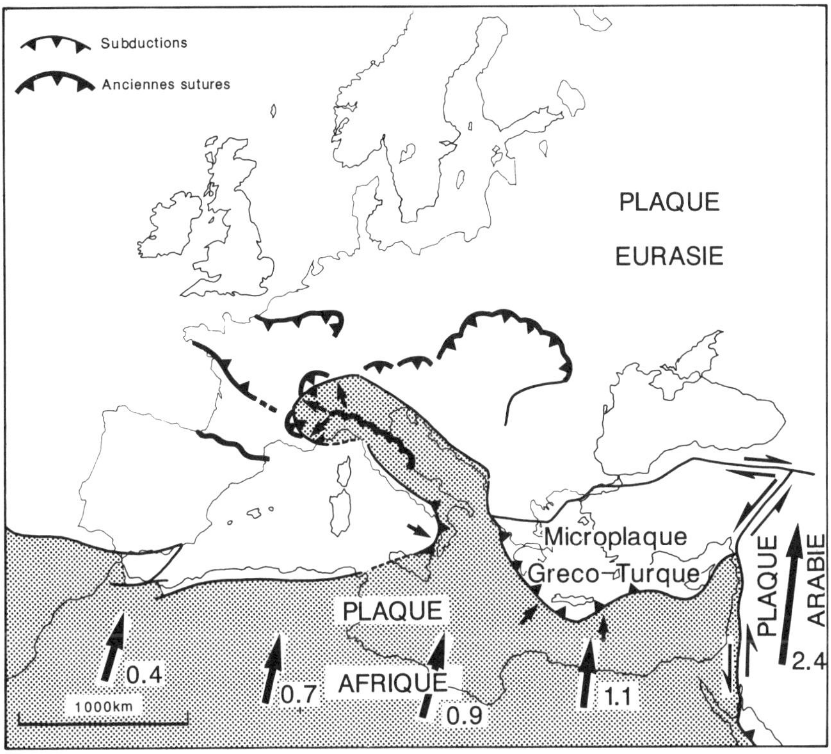

Figure 10 b. Carte des limites de plaques en Méditerranée. On notera que ces limites sont complexes et parfois « floues ». On a fait figurer aussi les anciennes sutures alpines et hercyniennes dont le rôle séismique n'est pas négligeable.

faille se poursuit en Yougoslavie, région sujette à des tremblements de terre meurtriers, comme celui qui en quelques minutes détruisit la ville de Skopje en 1963.

Le raccord avec l'Italie se fait le long de la ligne de front des Alpes qui dessine un arc redescendant vers Gênes, évitant au large la Corse, puis suivant la botte italienne où un plan de subduction peu actif longe la mer Tyrrhénienne et via la Sicile gagne alors l'Afrique du Nord, Orléansville (1954, 1980).

Dans ce trajet la France est évitée grâce au crochet alpin.

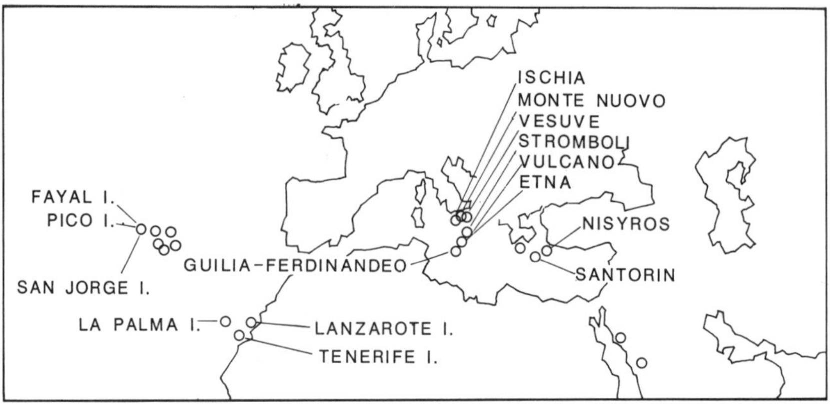

Figure 11. Volcans actifs présents en Méditerranée. On a fait figurer tous ceux dont l'activité est connue historiquement. La comparaison avec la carte générale montre que le volcanisme n'est pas très abondant sur le pourtour méditerranéen.

La France ne contient *ni grande zone de subduction, ni grande zone de collision, ni grande faille transformante actuellement active.* Toutefois, de grandes failles plus anciennes existent en France. Celles qui bordent les Pyrénées du Nord, celles qui découpent la Provence d'est en ouest, celles qui forment les bassins de la Limagne, le fossé alsacien ou la grand zone Oléron-Cévennes. Si notre territoire devait subir les contrecoups de la poussée de l'Afrique vers le nord, rien ne dit que ces failles ne bougeraient pas un peu. Mais, dans ces scénarios hypothétiques qui ne sont pour l'instant que des spéculations intellectuelles, nous ne serions pas plus mal placés que les Allemands qui ne se soucient pourtant guère des séismes !

Nos départements et territoires d'outre-mer sont autrement menacés. La Réunion porte le volcan le plus actif du monde, le piton de la Fournaise, les Antilles, situées sur la frontière de plaque où l'Atlantique plonge sous la mer des Caraïbes, sont menacées aussi bien par les tremblements de terre que par deux volcans particulièrement dangereux, la meurtrière montagne Pelée en Martinique et la Soufrière en Guadeloupe. C'est vers eux que nos efforts de prévention et de surveillance doivent être concentrés en premier lieu.

Dans les zones actives elles-mêmes, les cartes sismiques et volcaniques ne sont pas sans intérêt. Elles indiquent clairement les zones qui localement sont à éviter : failles actives sismiquement, environnement immédiat des volcans, zones à forte sismicité locale. Elles invitent les pouvoirs publics à prendre des mesures de prévention dans les constructions, d'éducation des populations et de mise en place de systèmes d'observatoires destinés à donner l'alerte s'il y a lieu. Car tel est bien l'enseignement que nous devons tirer. Les hommes doivent apprendre à vivre avec les fureurs telluriques en s'organisant en conséquence et en cherchant à en minimiser les risques. La solution n'est pas dans la fuite ou l'abandon !

La première étape de cette cohabitation passe par la connaissance. Que sait-on exactement sur les mécanismes des séismes ou des volcans ? Ils sont liés à la tectonique des plaques, aux forces gigantesques qui déplacent des quartiers d'écorce terrestre, mais cette explication ne nous dit ni quand ni comment les séismes et les éruptions volcaniques se déclenchent. Elle fournit un cadre, dont l'échelle de temps est le million d'années, elle ne fournit pas une théorie phénoménologique à l'échelle des hommes, celle du jour ou de l'heure. Seules les études des mécanismes intimes peuvent nous permettre de mieux comprendre donc de mieux prévoir.

CHAPITRE II

Les tremblements de la Terre

Le mot commun de tremblement de terre décrit très bien le phénomène qu'on appelle en langage savant *séisme* *. C'est en effet un véritable frisson qui secoue la Terre. D'une manière plus précise il s'agit de vibrations du sol qui se propagent. Une pierre jetée à l'eau donne naissance à des ondes qui s'éloignent du point d'impact. De la même manière, les ondes sismiques se propagent à partir du *foyer* d'un tremblement de terre. L'origine de ce tremblement, la source, est un déplacement brusque entre deux blocs rocheux adjacents qui se trouvent ainsi décalés. Un tremblement de terre est donc à la fois une rupture et un émetteur d'onde comme l'est la cassure d'une branche sèche. Les deux aspects rupture au foyer et mode de propagation des ondes constituent les deux volets indissociables de la science qui a pour objet l'étude des séismes : la séismologie (parfois appelée sismologie).

* Séisme vient du verbe grec *seiein*, secouer.

Les effets des tremblements de terre

Les effets néfastes des tremblements de terre sont le résultat des vibrations et surtout leurs conséquences indirectes. Contrairement à une opinion solidement répandue on ne meurt pas, lors d'un tremblement de terre, englouti dans une fissure béante qui s'ouvre sous vos pieds et vous entraîne dans les entrailles de la Terre. On meurt écrasé par son immeuble comme l'ont trop bien montré les images de Mexico en 1985, on meurt dans un incendie déclenché par le séisme comme à San Francisco en 1906, on meurt d'un raz de marée qui submerge une ville parfois lointaine comme à Lisbonne, mais jamais par l'appel des profondeurs.

Certes la secousse casse aussi des roches et crée des fissures dans le sol, mais, limitées dans leur extension géographique, dans leurs dimensions et leur profondeur, elles ne sont pas une menace directe. Ce sont les vibrations induites par le tremblement du sol qui, secouant les constructions humaines ou naturelles, les fissurent, les morcellent et finissent par les détruire. Il faut savoir qu'un promeneur solitaire marchant dans une contrée désertique au foyer d'un gros séisme se retrouvera sans doute à terre mais sain et sauf, alors qu'à 100 kilomètres de là, quelques dizaines de secondes plus tard, la ville voisine sera disloquée et partiellement détruite, enfouissant sous ses décombres des milliers de morts. Ce scénario hypothétique illustre où sont les dangers d'un tremblement de terre, dans les effets secondaires et non les causes primaires.

Les effets sont en gros de moins en moins importants lorsqu'on s'éloigne de la source du séisme. Dans le détail c'est beaucoup plus complexe et la structure géologique de la région modifie grandement cette règle simple. Une secousse sismique dure de quelques secondes à une ou deux minutes. C'est pendant ce court laps de temps que les mouvements du sol engendrés par le passage des ondes détruisent les constructions humaines. Ces mouvements du sol n'ont pas des amplitudes énormes (quelques centimètres à quelques dizaines de centimètres en général), mais leur soudaineté et leur extension sont telles qu'ils ont des effets destructeurs très puissants.

Notre description des séismes serait pourtant fort incomplète si nous n'ajoutions à cette phénoménologie succincte le fait que les séismes ne se produisent jamais seuls. C'est d'essaims de tremblements qu'il faut parler. Certains, petits, précèdent le séisme principal, on les nomme précurseurs, d'autres, plus nombreux, le suivent pendant des jours et des mois. Ces répliques, comme on les nomme, sont parfois elles aussi très meurtrières. Les édifices ébranlés par les secousses principales sont abattus par les premières répliques parfois presque aussi violentes. Ainsi lors des événements de Frioul en Italie du Nord en 1976, qui firent 6 000 morts, les répliques, quelques semaines après, firent plus de victimes et de dégâts que le séisme principal.

Quelques conseils pratiques

De ce que nous venons de dire il est déjà possible d'extraire les recommandations principales à suivre si vous vous trouvez en présence d'un tremblement de terre. Ces précautions ne nécessitent ni une connaissance approfondie des mécanismes des tremblements de terre, ni infrastructure complexe. Elles sont une conséquence directe des observations phénoménologiques que nous venons de mesurer. Anticipant les chapitres de prévision et de prévention, il nous a paru important d'exploiter l'information immédiatement.

— Si vous êtes dehors en rase campagne, hors des zones montagneuses, loin de tout édifice, vous ne risquez rien.

— Si vous êtes en voiture, n'en sortez pas, vous êtes mieux protégé qu'à l'air libre.

— Si vous êtes à l'intérieur d'un bâtiment, protégez-vous de ce qui tombe. Passez sous la table ou sous le lit est un bon moyen ! Les premières secousses terminées, levez-vous vite pour fermer eau, gaz, électricité. Vous contribuerez ainsi à éviter incendies et dégâts des eaux. Vous aurez alors en général devant vous une ou plusieurs heures pour prendre votre matériel de camping et pour partir calmement loin des immeubles, dans la campagne si c'est possible. Vous n'aurez à y rester que quelques jours.

— Pendant les mois qui suivront il vous faudra prendre quelques précautions car une crise tardive, comme au Frioul, est toujours possible. Enlevez les objets lourds dangereux suspendus, évitez les balcons et les dessous de balcons, montrez à tous vos proches et d'abord aux enfants où ils pourront se protéger et comment ils pourront couper eau, gaz, électricité, désertez les bâtisses qui auraient été fissurées par le premier tremblement.

Voilà ce qu'il faut enseigner aux gens qui habitent des zones que l'on croit menacées. Si l'on pense que la Côte d'Azur est menacée par les séismes, alors il faut éduquer les populations. Si l'on pense que les départements d'outre-mer méritent autant d'attention que la métropole, ce qui est mon cas, alors il faut, et vite, éduquer la population de

Pointe-à-Pitre car cette ville est comme nous le verrons très menacée.

L'intensité d'un tremblement de terre

Bien avant que l'on utilise des instruments adaptés, on a mesuré « l'importance » des secousses telluriques par leurs effets destructeurs. Lors du tremblement de terre d'Italie du Sud en 1857, Robert Mallet dessina la première carte des effets d'un tremblement de terre. Il relia les points correspondant à des dégâts qu'il estima identiques. Il appela les courbes ainsi obtenues courbes d'égale *intensité* (ou isoséistes) et détermina par ce moyen le lieu où les dégâts avaient été maximaux, considéré par lui comme le foyer du séisme. Ce premier travail fut le point de départ d'une étude systématique des dégâts causés par les séismes, avec pour but de localiser les séismes mais aussi d'en mesurer l'intensité. Cette quantité a donc été initialement liée aux effets, et la force de l'habitude aidant, ce lien est demeuré. L'intensité d'un séisme est donc la mesure des effets du séisme *.

La première échelle d'intensité fut mise au point en 1880 par l'Italien Rossi et le Suisse Forel. Elle a été améliorée en 1902 par l'Italien Mercalli et, avec quelques modifications apportées par Medvedev Sponkener et Karnik, elle a donné naissance à l'échelle MSK, la seule utilisée aujourd'hui. Elle est graduée de I à XII.

L'intensité I correspond à un séisme pratiquement pas

* Le terme d'intensité est peut-être mal choisi car il évoque une propriété plus intrinsèque. Le terme d'efficacité aurait été mieux adapté. Mais faut-il parler d'efficacité pour un phénomène qui détruit ?

ressenti. A V les dormeurs se réveillent, les petits objets sont renversés, les portes s'ouvrent et se ferment, les cheminées tombent, les échafaudages s'effondrent. A X la panique s'empare des populations, les maçonneries sont détruites, les ports endommagés, les barrages et les digues sont fissurés, les rails légèrement tordus. Quant à XII, c'est le désastre. La topographie est bouleversée, les objets sont projetés en l'air.

L'avantage d'une telle échelle bien sûr qualitative, c'est que l'on peut estimer l'*intensité d'un séisme* avec des observations simples et des moyens essentiellement « sociologiques ». Malgré un caractère assez rustique, cette échelle a permis à la sismologie de progresser pendant cinquante ans jusqu'en 1910. Elle est encore très utilisée aujourd'hui par ceux qui se préoccupent de génie parasismique ou de préventions comme par les spécialistes de géologie sismique ou de sismicité historique, car ils s'intéressent tous d'abord aux effets des tremblements de terre.

Le règne du sismographe

La discontinuité dans notre manière d'appréhender les tremblements de terre ne date pas de l'apparition du sismographe, mais du développement du sismographe sensible. Le sismographe, dans sa version primitive, avait été inventé en Chine vers l'an 1032. Pourtant ce n'est qu'à la fin du XIXe siècle que von Reuber Paschwitz s'aperçut qu'avec un pendule assez sensible on pouvait détecter en Allemagne un séisme qui avait sa source six heures auparavant à Tokyo. Des sismographes de plus en plus perfectionnés se développèrent.

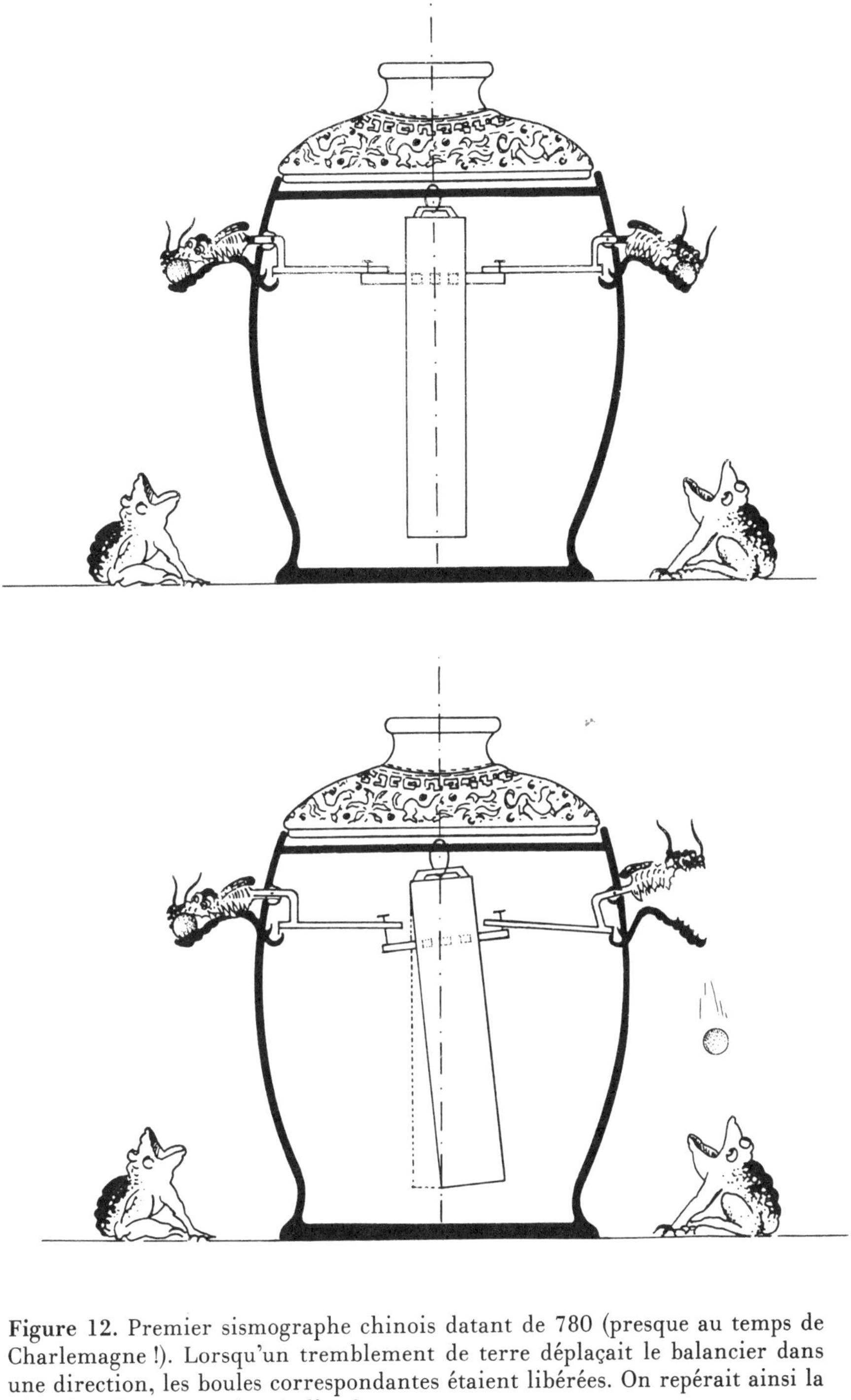

Figure 12. Premier sismographe chinois datant de 780 (presque au temps de Charlemagne !). Lorsqu'un tremblement de terre déplaçait le balancier dans une direction, les boules correspondantes étaient libérées. On repérait ainsi la direction de propagation de l'onde.

Ils étaient tous construits sur le même principe. Une masse inerte immobile, un support solidement relié au sol, portant l'enregistreur et, liant l'un à l'autre, un ressort. Un mouvement du sol met le cadre en mouvement dont l'enregistreur, la plume liée à la masse d'inertie, inscrit la vibration sur l'enregistreur. A partir de ces principes simples, des astuces techniques ont permis d'assurer à ces appareils reproductibilité, fiabilité, sensibilité, proportionnalité, amplification et facilité de lecture.

A ces développements d'instruments sont liés des noms comme celui de Weichert en Allemagne, et Galitzin en Russie. Autour des sismographes, s'organisent petit à petit les observatoires sismiques. Ils couvrent bientôt tous les endroits habités (ou presque) de la planète et constituent le réseau sismologique mondial *.

A l'aide de tels réseaux, ont peut étudier à distance les tremblements de terre et la propagation des ondes qu'ils émettent. La sismologie change de nature. Avant l'avènement des observatoires sismiques, c'est-à-dire avant 1910-1920, il fallait être dans son environnement immédiat pour pouvoir étudier un séisme. Depuis la constitution d'un réseau mondial d'observatoires sismiques on peut faire leur étude de loin, sans se déplacer. Les sismographes enregistrent les ondes émises par les tremblements de terre.

Ces ondes sont de plusieurs types. Certaines correspondent à des mouvements alternants de compression et de dilatation. Ce sont les plus rapides, elles arrivent les premières aux observatoires, on les appelle les ondes P. D'autres font vibrer la matière perpendiculairement à leur direction de propagation, elles cisaillent. Elles se propagent plus len-

* Aujourd'hui les progrès techniques permettent d'installer des stations automatiques en des lieux isolés et même au fond de la mer. Demain toutes ces stations reliées par satellite comme les projets français GEOSCOPE et américain IRIS le prévoient.

tement que les ondes P. Étant secondes on les nommes ondes S. D'autres enfin suivent la surface du globe et ont une nature plus complexe. Les vitesses de propagation de ces ondes sont variables. Les ondes P se propagent entre 5 km/s près de la surface jusqu'à 13 km/s au centre du globe, les ondes S sont plus lentes. Celles de surface aussi. Ce sont les ondes S et les ondes de surface qui imprimant au sol des mouvements cisaillants font le plus de dégâts.

Les trajets des ondes sont multiples. Outre la distinction entre les ondes se propageant dans le volume et les ondes se propageant à la surface, les ondes se réfléchissent, se focalisent, se défocalisent et suivent des chemins très démultipliés. La combinaison des vitesses diverses et des trajets différents fait que des paquets d'ondes multiples arrivent aux diverses stations sismiques dans des conditions d'extrême variété.

Mélangés à la source, les paquets d'ondes se séparent en se propageant, se régularisent aussi. Ainsi le sismogramme, nom que l'on donne à l'enregistrement d'un tremblement de terre, devient plus long, plus délié, plus lisible à mesure qu'on s'éloigne de la source. Mais bientôt il se complique, car l'arrivée d'un train d'ondes ayant suivi un trajet court avec une vitesse lente interfère avec un autre ayant suivi un trajet long, etc. Il faut être expert pour déchiffrer tout cela et la sismologie est un métier difficile. La « lecture » de ces sismogrammes permet pourtant aux sismologues de faire des études très précises et encore aujourd'hui irremplaçables.

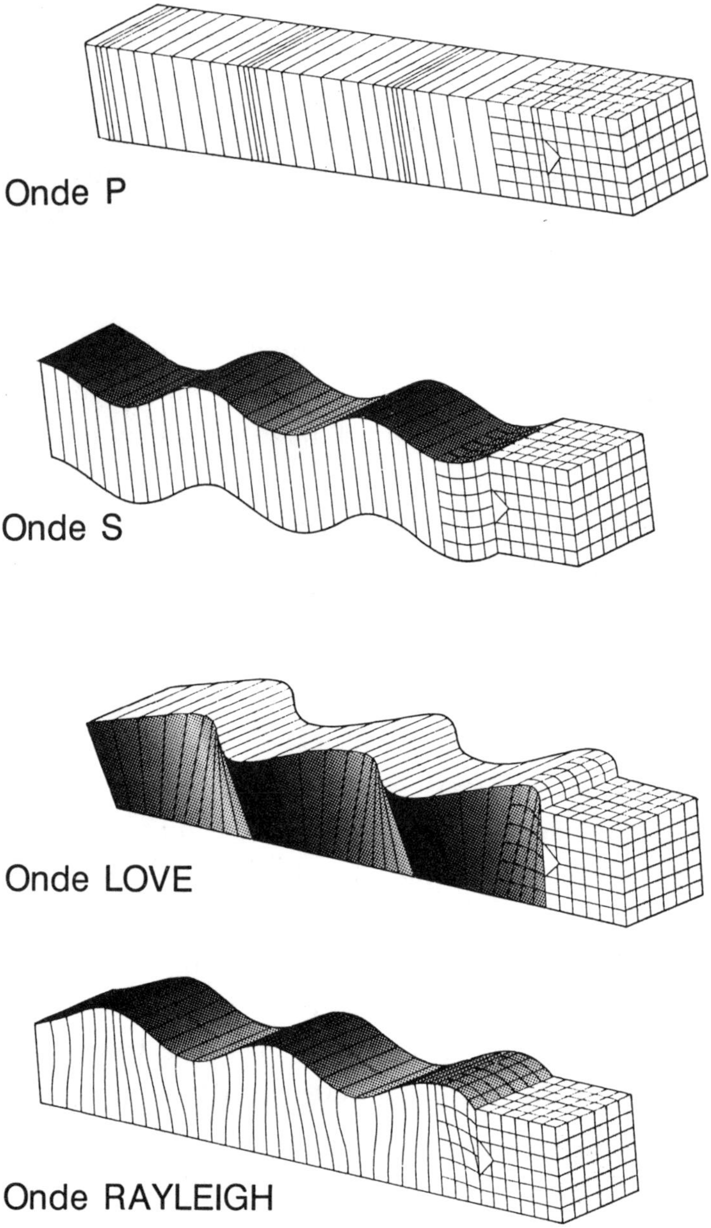

Figure 13. Divers types d'ondes sismiques. Les ondes P sont des ondes de compression, les ondes S sont des ondes de cisaillement. Toutes deux se propagent à l'intérieur de la Terre. Les ondes de Love et de Rayleigh sont au contraire des ondes guidées par la surface de la Terre. Leur mouvement est très complexe. Comme on pourra le comprendre aisément, les ondes S et les ondes de surface vont avoir un pouvoir destructeur sur les édifices beaucoup plus grand que les ondes P.

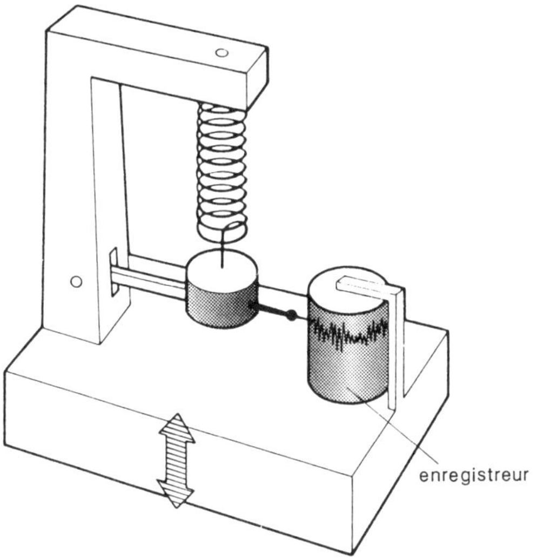

(a) Sismographe enregistrant les vibrations verticales

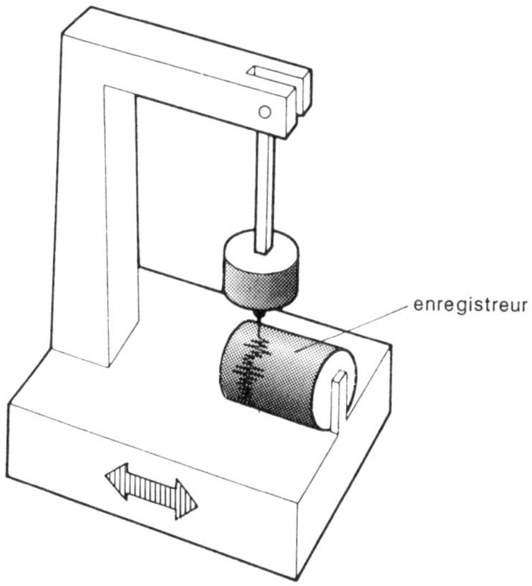

(b) Sismographe enregistrant les vibrations horizontales

Figure 14. Principe des sismographes verticaux **(a)** et horizontaux **(b)** actuels. Les sismographes modernes possèdent des systèmes d'amplification et d'enregistrement électroniques complexes mais leurs principes sont identiques.

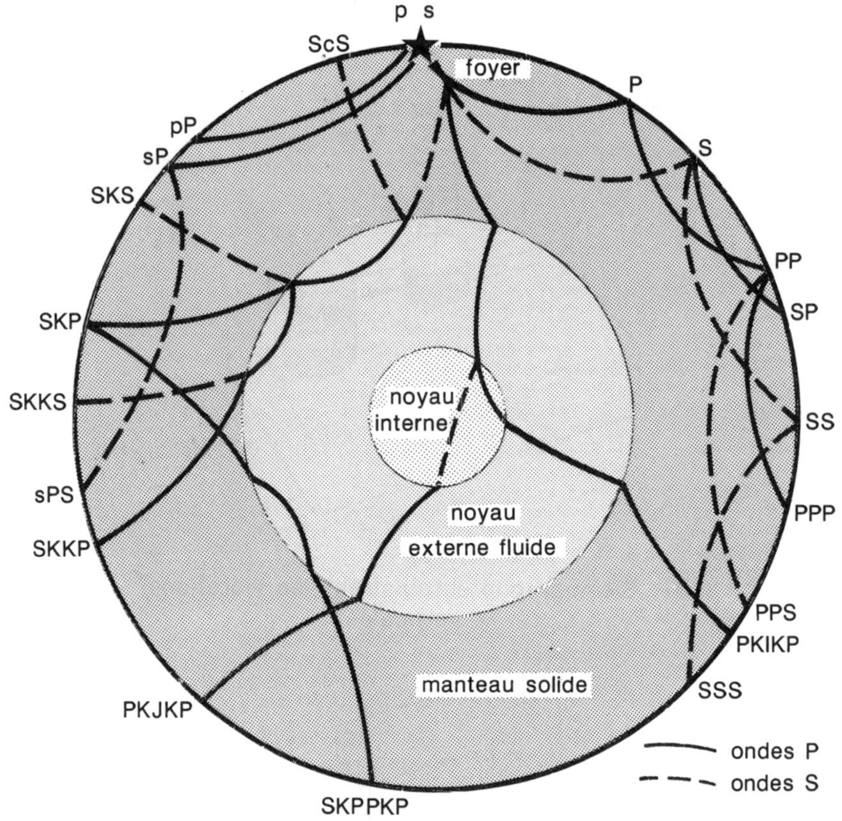

Figure 15. Trajectoires des ondes P lors d'un séisme. Comme on pourra le constater, les trajectoires sont courbées du fait de l'augmentation progressive de vitesse avec la profondeur.

La séismologie : sources et structures

Les dépouillements de sismogrammes permettent d'étudier l'intérieur du globe, sa structure, son comportement. La séismologie est au globe terrestre ce qu'est l'échographie au corps humain. La manière dont les ondes sismiques se propagent, se réfléchissent, s'atténuent permet de déterminer la structure interne de notre planète, d'en faire une image en volume. Mais parallèlement, la forme des ondes, leur nature, leur séquence permettent d'étudier le mécanisme même des tremblements de terre, le mécanisme à la source comme on dit en termes de métier.

Si les buts de ces deux aspects de la sismologie sont distincts, les méthodes sont indissociables ; l'étude des structures internes et celle des mécanismes au foyer sont indissolublement liées dans la technique séismologique. Le séisme émet un train d'ondes représentant une certaine énergie, une certaine durée, le globe terrestre transmet ce train d'ondes et en le transmettant le modifie, le déforme. Le problème est de reconstituer les caractères du milieu traversé aussi bien que le mécanisme du séisme à partir des enregistrements multiples faits dans les observatoires répartis sur tout le globe. Chaque trajet est différent, mais la source est la même. Conscients de ce dualisme, nous allons pourtant focaliser notre attention sur les sources sismiques.

Le premier type d'études, le plus simple, est la localisation du foyer du séisme. Il suffit en principe de trois stations, de trois observatoires, pour, à partir des enregistrements, calculer les coordonnées géographiques et la profondeur d'un séisme. On en utilise en fait le maximum pour recouper les résultats et obtenir une meilleure précision.

Ainsi les observatoires répartis de par le monde envoient chaque jour les caractéristiques des 5, 6 ou 15 tremblements de terre qu'ils ont enregistrés dans la journée à un bureau central régional qui calcule la localisation exacte de chaque foyer, ses coordonnées géographiques, sa profondeur. A partir de là on peut dresser les cartes de séismicité mondiales, régionales, ou locales. Ce sont ces études de localisation qui

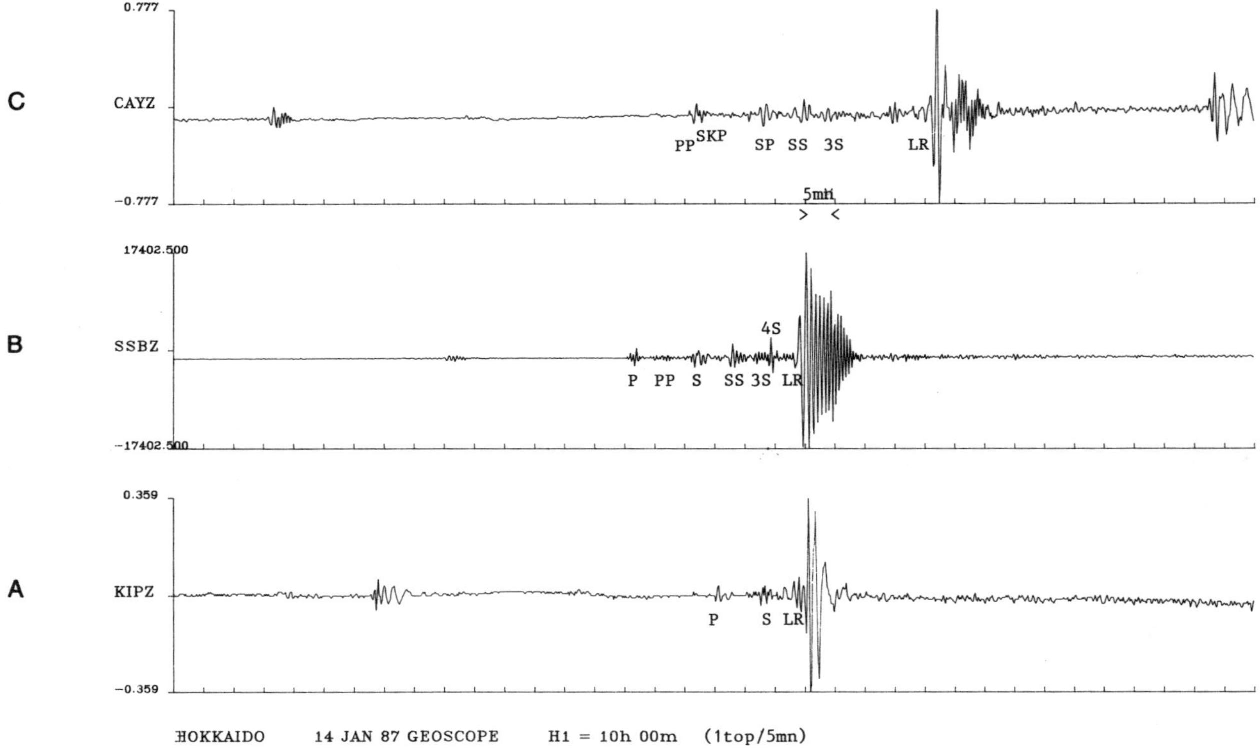

Figure 16. Séismogrammes verticaux du séisme de Hokkaido du 14 janvier 1987 enregistrés en trois stations de plus en plus éloignées du séisme. Les enregistrements A, B et C proviennent de stations situées respectivement à 5 900, 9 400 et 14 500 km de l'épicentre du séisme. On notera les positions différentes des diverses ondes.

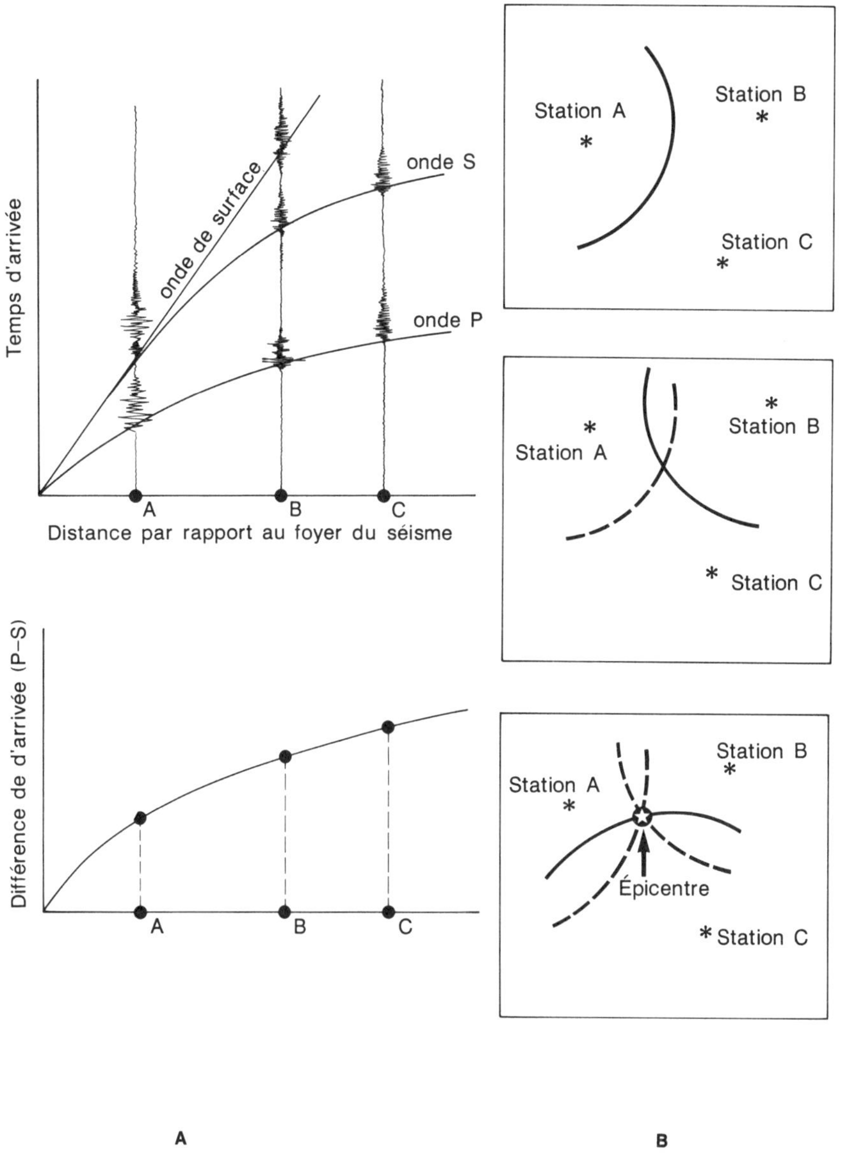

Figure 17. Principe de la détermination d'un foyer d'un tremblement de terre.

a. Calibration. L'étude systématique des sismogrammes en fonction de la distance permet de déterminer les relations entre la différence des temps d'arrivée entre les ondes (P et S) et la distance.

b. A partir de la courbe précédente on détermine la différence (P-S) pour chaque station A, B, C. En traçant les cercles centrés sur A, B, C dont le rayon correspond à la distance, on détermine l'épicentre du foyer.

ont permis d'affirmer que la grande majorité des séismes se localise sur les frontières de plaques. Ce sont aussi ces études qui permettent de dire que les tremblements de terre sont des phénomènes proches de la surface. La grande majorité des séismes est en effet située dans les 60 premiers kilomètres de l'écorce terrestre. Une proportion beaucoup plus faible (5 %) se localise plus en profondeur mais ne dépasse jamais 600 ou 700 kilomètres (soit le 1/10 du rayon terrestre). Ces séismes profonds sont l'exclusivité de quelques régions du globe très particulières, celles où le plancher océanique s'enfonce dans l'intérieur du globe, comme c'est le cas autour du Pacifique, les zones dites de subduction dont nous avons déjà parlé. Ici l'étude de la source a une implication directe quant à la structure tectonique de la surface du globe.

La mesure des séismes : la magnitude

La seconde série d'études systématiques faites à partir des sismogrammes est la mesure de l'énergie d'un tremblement de terre. Plus un tremblement de terre est puissant, plus les vibrations qu'il émet sont fortes. L'amplitude des ondes sismiques émises par un tremblement de terre va donc dépendre elle aussi de la puissance de ce dernier. Mais lorsqu'on parle d'amplitude, il faut bien sûr se placer à une distance fixe, car l'amplitude des ondes sismiques décroît avec la distance au foyer. On convient donc de mesurer l'amplitude du mouvement du sol à 100 kilomètres de la source. Le logarithme de cette amplitude mesurée en millièmes de millimètre s'appelle la magnitude. La mesure logarithmique signifie que lorsque l'amplitude du mouvement varie d'un facteur 10 la magnitude change d'une unité. Un séisme de magnitude 6 est dix fois plus fort qu'un séisme de magnitude 5 et cent fois plus fort qu'un séisme de magnitude 4.

Cette échelle des magnitudes a été inventée par le Japonais Wadati en 1931 puis perfectionnée par l'Américain Richter en 1935 et depuis lors est appelée l'échelle de Richter.

A partir de la mesure de la magnitude on accède assez facilement à l'énergie dégagée par un séisme. Un séisme de magnitude 5,0 correspond à peu près à l'énergie dégagée par la bombe nucléaire qui détruisit Hiroshima. On a calculé que le total de l'énergie dégagée annuellement par les tremblements de terre correspond à peu près à l'énergie consommée annuellement par les États-Unis, soit environ 450 milliards de mégawatts/heure !

De nombreuses années d'archivage ont permis de constater que la magnitude des tremblements de terre varie de 1 jusqu'à des magnitudes voisines de 8,5. C'est-à-dire que leur échelle varie de 1 milliard. La fréquence des tremblements de terre est fonction de leur magnitude. Les tremblements de terre de magnitude voisine de 8,5 ont lieu une dizaine de fois par siècle. Ceux de magnitude 7, deux à trois fois par an, de magnitude 6 plus de cent fois, ceux de magnitude 2 plusieurs millions de fois par an. Heureusement, les petits tremblements sont plus fréquents que les gros. Mais il faut savoir aussi que tous les trois jours en moyenne a lieu quelque part dans le monde un séisme de magnitude 6, c'est-à-dire potentiellement dangereux. Avec l'augmentation de la population mondiale on peut comprendre aisément pourquoi le nombre de morts ne cesse de croître. Le nombre de séismes reste le même mais les zones dangereuses se peuplent !

Cette manière de mesurer un séisme complète la méthode de l'intensité. Pourtant les médias continuent à confondre ou à mélanger intensité et magnitude, échelle de Mercalli et échelle de Richter. Mais au fait, peut-on comparer ces échelles ? Ou plus exactement existe-t-il une correspondance ?

Intensité et magnitude

Le bon sens semble nous dire que plus les mouvements du sol sont importants plus il doit y avoir de dégâts. Il doit donc bien y avoir une certaine relation magnitude-intensité !

Si l'on pose le problème dans toute sa généralité, la réponse surprenante est brutale : *il n'y a pas de relation claire.*

En revanche, si l'on pose la question à l'échelle régionale, on parvient à une conclusion opposée. Région par région on peut définir empiriquement une relation intensité-magnitude souvent d'ailleurs assez simple. Pourquoi cette apparente contradiction ? Pourquoi une série de lois régionales ne conduit-elle pas à une loi générale ? Deux facteurs essentiels interviennent : la structure géologique locale et la profondeur du séisme.

Lorsqu'un séisme est profond, même si sa magnitude est élevée, ses effets de surface sont souvent faibles. Pour un séisme de 650 kilomètres de profondeur et de magnitude 7 en Andalousie en 1973 les effets de surface ont été minimes (intensité V) et si ce séisme a laissé un souvenir c'est dans la mémoire des séismologues, pas dans celle des populations espagnoles.

Plus un séisme est superficiel plus il crée de dommages,

plus son intensité est élevée ; mais, même dans ce cadre, la géologie locale joue un grand rôle. Telle formation rocheuse joue le rôle de guide d'ondes pour les ondes cisaillantes (S) qui sont de loin les plus dangereuses, telle faille polarise les effets autour d'elle-même loin du foyer, etc. Ainsi, le bassin sédimentaire et les anciens marécages asséchés de Mexico jouent un rôle d'amplificateur bien connu qui explique la vulnérabilité sismique de la capitale mexicaine.

Cela met en lumière un fait important qu'il faut souligner. Les effets d'un tremblement de terre dépendent certes de l'énergie de cet événement, mais ils sont aussi contrôlés par les structures affectées par le choc, que ce soient les structures géologiques mais aussi les structures architecturales elles-mêmes, et aussi par la structure du train d'ondes sismiques, son orientation par rapport aux structures fixes (géologiques et architecturales), la manière dont l'énergie y est répartie, et la nature du mouvement qu'il impose au sol. Lorsqu'on a compris cela on peut concevoir pourquoi intensité et magnitude sont deux entités bien différentes.

Cette constatation met en relief un fait fondamental qui a peut-être été pendant un temps trop négligé. L'étude des séismes ne peut se réduire à l'étude des ondes, de leur vitesse de propagation, de leurs amplitudes. Il faut combiner mesures et calcul avec les connaissances acquises par la géologie. C'est par cette combinaison d'approche que depuis vingt ans nous avons progressé dans la compréhension des mécanismes mêmes de séismes.

Failles

L'origine des tremblements de terre est une rupture produite dans un ensemble rocheux liée plus ou moins directement aux contraintes créées par le mouvement des plaques. A une sollicitation lente, continue, dont les déplacements se mesurent en centimètres par an, la matière rocheuse rigide répond par des cassures dont la vitesse est du mètre par milliseconde.

Les tremblements de terre ne sont pas dus à une brusque fièvre de l'intérieur du globe ou à je ne sais quelle colère divine de Pluton, mais plus simplement à la brusque capitulation de la croûte terrestre, cédant soudainement à la volonté tenace, lente mais continue des forces enfouies dans les entrailles de la Terre *.

Cette capitulation brutale laisse une trace physique palpable, c'est la structure géologique que l'on appelle faille.

Cette évolution temporelle est bien traduite par la théorie du rebondissement élastique proposée par Reid et illustrée en figure 15.

Le mot faille est sans conteste un mot usuel de la langue française : « Votre raisonnement a une faille, il y avait une faille dans le système de sécurité, etc. » Sa signification apparaît alors bien claire. Pourtant la définition géologique d'une faille n'est pas si commode. Une faille est une surface de discontinuité (souvent presque plane) qui sépare deux ensembles rocheux contigus. Elle est la conséquence d'une rupture qui a cassé en deux l'ensemble rocheux initialement

* A l'exception, nous le verrons, des séismes particuliers qui sont liés aux volcans.

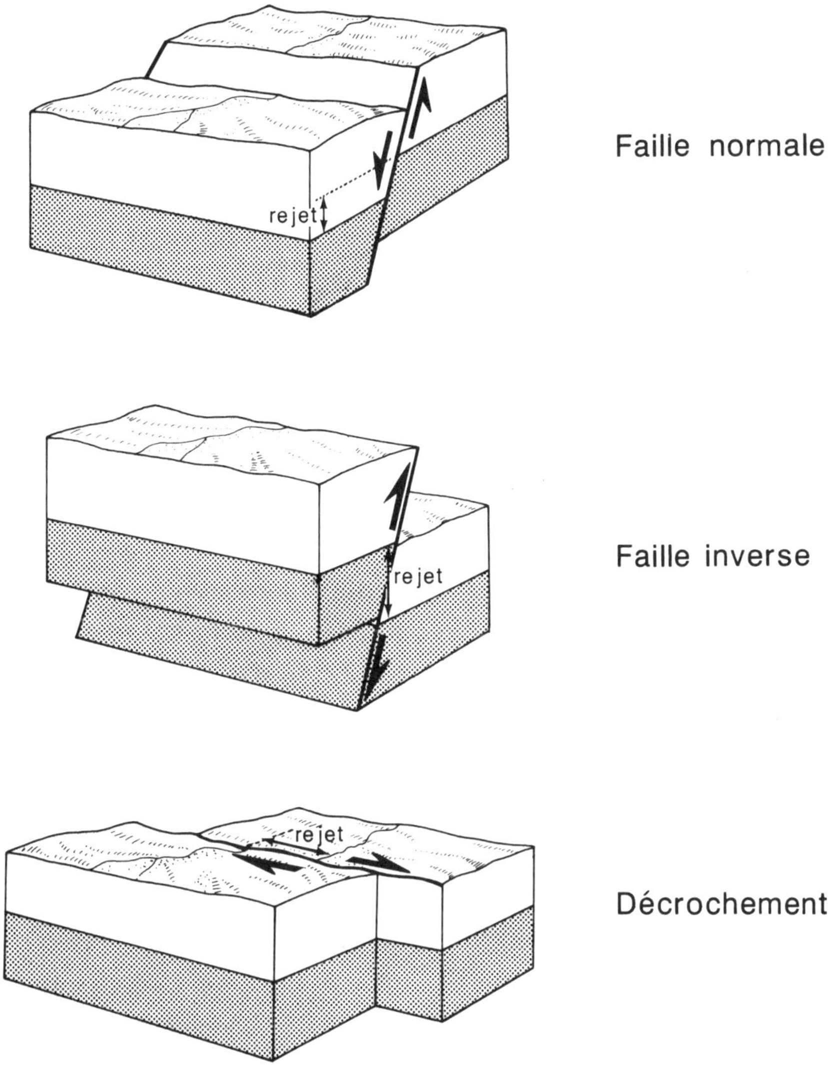

Figure 18. Schéma montrant les trois types de failles.

continu et d'un mouvement qui fait glisser plus ou moins les deux compartiments. On mesure le déplacement engendré par une faille, que l'on nomme le rejet, en évaluant la distance qui sépare deux structures initialement en continuité. Les structures repères peuvent être des couches géologiques, des rivières, des segments de routes, etc. Contrairement à ce que l'on croit, les failles « géologiques » ne se matérialisent pas par des fissures béantes qu'il faut enjamber pour passer d'une lèvre à l'autre. Il existe des failles jeunes avec des fissures, mais ces cas trop souvent donnés en exemple sont rares. En effet, si la faille résulte bien d'une cassure, cette dernière se cicatrise vite, et les deux lèvres se retrouvent décalées mais jointives. La nature géologique a horreur du vide ! Les failles actives lorsqu'elles correspondent à des déplacements importants (disons supérieurs au millimètre par an) sont marquées par une signature morphologique en surface mais il s'agit d'un décalage vertical de quelques décimètres jusqu'à quelques mètres sans fissure importante. Pour les failles anciennes la signature morphologique est moins nette. Certes il arrive que le rejet de faille amène en contact des terrains de nature très différente. Un terrain dur résistant au contact d'un terrain friable, altérable. L'érosion aidant, la faille sera marquée dans le paysage par une marche d'escalier de quelques mètres de hauteur. Mais ces cas donnés en exemple par les géomorphologues et géographes sont en fait assez rares et en pratique les failles anciennes sont souvent assez difficiles à détecter.

Dans la nature, une faille est un plan de discontinuité géologique. Le plan de faille peut avoir théoriquement une orientation quelconque et les déplacements par rapport à lui peuvent être extrêmement variés. Pourtant la majorité des failles peut être considérée comme des plans verticaux obliques. Le long de ces plans, les déplacements ont lieu verticalement et horizontalement. A partir de là on classe les failles en plusieurs catégories. Celles dont les déplacements principaux ont lieu dans le plan horizontal sont appelées décrochements. Elles jouent un rôle particulier, celui d'accommoder les grands déplacements des panneaux d'écorce terrestre. Lorsqu'elles sont de grande dimension elles jouent un rôle sismique important. Celles dont les déplacements ont lieu dans le plan vertical traduisent des mouvements soit d'étirement (normales), soit de compression (inverses). Là encore la cassure et le déplacement qu'elles illustrent ont eu lieu pour accommoder les forces qui s'exerçaient sur l'écorce par les plaques en mouvement.

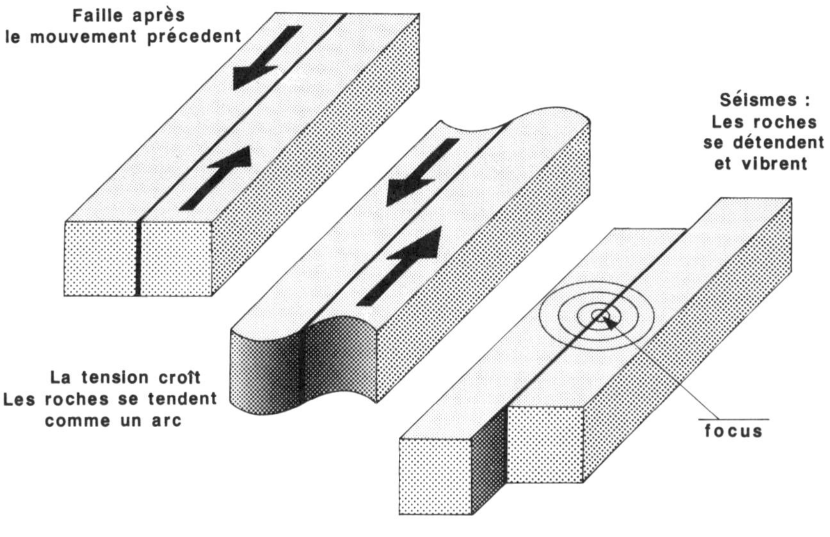

Figure 19. Schéma illustrant la théorie de Reid du rebondissement élastique. Les tensions s'accumulent sur les deux côtés de la faille. Les terrains se déforment et soudainement il y a rupture et création d'un séisme.

Il existe des failles à toutes les échelles. Depuis celle du millimètre qui casse et déplace les cristaux jusqu'à celle de plusieurs centaines de kilomètres qui découpe en grands panneaux des continents ou des océans entiers. Ce constat traduit le fait que la rupture de la matière rocheuse est une propriété intrinsèque de ce matériau.

Une question se pose. Quelles relations géométriques existe-t-il entre ces failles de diverses dimensions ? Suivant l'adage connu, les petits ruisseaux font les grandes rivières. Peut-on dire que les petites failles assemblées sont à l'origine des grandes ?

Failles et séismes

Il n'y a pas de doute, il existe une étroite parenté entre les tremblements de terre et les failles. Depuis les études de Reid en 1906-1907, on pense que l'effet géologique des tremblements de terre est de produire des cassures, donc d'engendrer des failles. Pourtant cette relation n'est pas si simple et pose encore bien des questions aux scientifiques. L'idée première est pourtant *a priori* évidente. Lorsqu'un ensemble rocheux se casse sous l'effet des forces telluriques qui tentent de le déformer, le phénomène de rupture brutale est le tremblement de terre lui-même. La faille est le résultat de cette rupture. On peut logiquement penser qu'aux grands séismes correspondent les grandes failles, aux petits séismes, les failles de taille moyenne, aux petites failles les petits séismes. S'il en est bien ainsi on peut espérer étudier le mécanisme intime des séismes en recherchant au laboratoire comment de petits volumes de roche se cassent sous l'effet des contraintes qu'on leur applique. Pourtant cette proposition se heurte à un fait d'observation simple. La très grande majorité des séismes est localisée sur des failles déjà existantes. Cela est vrai à l'échelle de la planète comme à l'échelle du mètre. Si la faille préexiste au séisme c'est donc que le séisme ne l'a pas créée. Le séisme serait alors seulement la réactivation de la faille. Les deux lèvres de la faille se seraient collées, comme deux pièces de métal qui grippent. Les tensions de l'écorce terrestre auraient eu pour rôle de décoller, de faire glisser les morceaux le long d'un plan de faille préexistant. Mais alors quel est le phénomène qui crée les failles ? ou, plus exactement, quelle est la manifestation énergétique qui correspond à la création de nouvelles failles ?

Une faille se crée-t-elle en une seule fois ? en une seule cassure ? n'est-elle pas au contraire le résultat de toute une série de fractures disséminées ici et là et qui, en s'accumulant, en se combinant, et en se diversifiant au cours du temps, finissent par produire ce que nous observons aujourd'hui ?

Un autre problème se pose lorsqu'on veut transposer les expériences de laboratoire de fracturation des roches pour comprendre les séismes. Au laboratoire on casse une roche en augmentant progressivement la force qu'on exerce. Au début la roche résiste, se déforme un tout petit peu, puis, lorsqu'un seuil de résistance est dépassé, casse. Pourtant tout nous indique que la grandeur des forces géologiques qui s'exercent sur une région donnée ne varie pas beaucoup à l'échelle de 10, 100 ou même 1 000 ans. Ce n'est donc pas parce que les forces telluriques augmentent brutalement au cours du temps qu'elles cassent les roches pour créer un séisme.

Dans la nature, la succession des événements semble être la suivante : des forces antagonistes agissent sur un ensemble rocheux. Ce dernier se déforme un peu, mais, compte tenu de ses propriétés élastiques, il résiste. Il accumule alors des tensions internes. Lorsque ces tensions sont trop fortes, lorsqu'elles dépassent le seuil de résistance de la roche, elle casse, relaxe les contraintes, et pour cela les deux côtés de la cassure subissent un déplacement de manière à annuler les tensions. C'est la théorie du rebondissement élastique de Reid que nous avons évoquée.

L'étude des zones de faille juste après un tremblement de terre montre que les déplacements créés par ce dernier sont de 1 centimètre à 20 mètres, jamais plus et qu'ils concernent des largeurs de quelques dizaines à quelques centaines de mètres et des longueurs de 1 à 1 000 kilomètres. Or les rejets mesurés par les géologues pour les grandes failles sismiques sont de plusieurs dizaines de kilomètres. De là à déduire qu'il a fallu mille ou dix mille séismes pour les créer il n'y a qu'un pas qui tend donc à accréditer l'idée qu'une même faille accueille un grand nombre de séismes et qui subordonne le séisme à la faille. C'est parce qu'il y a une zone faillée que s'y localise un séisme et non l'inverse. Le problème ressemble à celui de l'antériorité de l'œuf et de la poule !

Cherchons pourtant à en savoir un peu plus. Pour cela nous allons faire appel à la séismologie. Après tout, c'est assez naturel puisque cette science a pour origine l'étude des séismes.

Mécanismes au foyer

Depuis une quinzaine d'années, on a beaucoup progressé dans la lecture des sismogrammes destinée à comprendre les mécanismes des tremblements de terre. D'abord, on a cherché à comprendre les mécanismes ayant lieu à la source du séisme par une technique assez simple. En cartographiant les zones où le mouvement du sol est dans un sens et les zones où il est dans l'autre sens, on peut en déduire les zones de compression et d'extension, donc à partir de là le type du mouvement de la faille. Ces études ont donné des résultats absolument remarquables et ont permis de compléter la carte des tremblements de terre par leurs *mécanismes au foyer.* Ainsi, sur les dorsales océaniques, les travaux de Sykes ont montré que les tremblements de terre étaient d'extension lorsqu'ils étaient au niveau de la dorsale elle-même, mais cisaillants lorsqu'ils affectaient les petites failles transformantes qui hachent le tracé des dorsales océaniques. Dans les zones de subduction, le travail d'Isacks et Molnar a mis en évidence que lorsque la plaque se plie, les séismes sont d'extension ; quand elle s'enfonce, les séismes sont toujours extensifs, montrant par là que c'est la plaque plongeante qui tire, sans doute sous l'influence de son propre poids ; en revanche, dès que la plaque atteint 600 kilomètres, les tremblements de terre sont de type compressif comme si la plaque était bloquée par la résistance accrue du milieu dans lequel elle s'enfonce. Sur les failles transformantes, le sens du mouvement déterminé par les séismes correspond toujours aux mouvements relatifs des deux plaques adjacentes. Bref, tous ces mécanismes au foyer n'ont fait que conforter la théorie des plaques et l'idée que séismes et mouvements des failles étaient liés. Le triomphe de ces études des mécanismes au foyer a donc été de faire la liaison entre les mouvements lents, centimétriques des plaques, et ceux ultrarapides des tremblements de terre, les mouvements lents n'étant en fait que le cumul d'un grand nombre de déplacements rapides. Le transfert d'échelle de temps semblait alors aisé à réaliser. On a voulu aller plus loin.

A l'aide de calculs très complexes aidés de puissants ordinateurs on a cherché à simuler les mécanismes qui ont lieu au foyer d'un séisme, ou plus exactement à simuler des phénomènes susceptibles de reproduire les sismogrammes observés. Bien que cet exercice de décodage par essais et tâtonnements successifs soit loin d'être terminé, on peut en extraire dès à présent quelques enseignements importants. Les premières études de ce type ont consisté à calculer les chutes de contraintes consécutives à un séisme. Les premières estimations ont montré que la chute de contrainte lors d'un séisme est faible quelle que soit sa magnitude ; on la mesure de 10 à 100 atmosphères (bars). Or les expériences de laboratoire nous apprennent que, pour casser une roche compacte, il faut lui appliquer des contraintes au moins dix fois supérieures. Alors comment concevoir la rupture sismique ? Processus de fatigue ou pas ? Les observations de terrain semblent indiquer des ruptures distribuées en plusieurs endroits ! Les observations sismiques évoquent des décollements plus que des ruptures. Comment sortir de cette contradiction ?

Mécanismes des séismes

La réponse donnée par les sismologues à ce problème a été d'abord que les roches qui subissent la rupture ne sont pas dans le même état physique que les roches fraîches que l'on casse au laboratoire, lors des expériences de mécanique des roches. Les tremblements de terre affectent des roches fragilisées, disaient-ils.

Pour certains, cette fragilité était due à l'histoire antérieure de la roche. Située dans une zone de faille, voire dans la faille elle-même, la roche a subi de nombreux outrages. Elle est fendillée, elle contient des craquelures internes, sa cohésion serait déjà affaiblie. Elle casserait sous des sollicitations beaucoup plus faibles que la roche fraîche.

Pour d'autres, cette fragilité était due à l'eau. Les roches de la surface terrestre sont toutes gorgées d'eau. Cette eau pénètre dans les pores, circule, provoque des tensions locales mais en même temps « lubrifie » les craquelures internes de la roche. Dans ces conditions on a pu penser que l'eau facilite la rupture. En fait, une telle idée sur le rôle de l'eau est venue aux sismologues à la suite d'un curieux concours de circonstances. En 1962 à Denver dans le Colorado, l'armée américaine, fabriquant des armes, avait à se débarrasser d'eau polluée. Après des essais divers il fut décidé de les injecter dans le sous-sol par l'intermédiaire d'un forage. A quelque temps de là, Denver, jusqu'alors à l'abri des tremblements de terre, fut le siège de séismes de magnitude 5. Les populations s'alarmèrent ; l'injection ayant cessé, les séismes cessèrent aussi. Les injections reprises six mois plus tard, les séismes suivirent de quelques semaines. La corrélation n'ayant pas échappé à la vigilance des populations, les protestations s'organisèrent et les injections cessèrent définitivement. Mais, à partir de là, des expériences systématiques furent entreprises par les séismologues ici et là, et on constata sans ambiguïté que l'injection d'eau dans le sous-sol provoquait des séismes. Cette mise en évidence eut des conséquences immédiates sur les précautions à prendre lors de la mise en eau des barrages tout en expliquant les accidents tragiques qui, en divers endroits, s'étaient produits à cette occasion comme ce fut le cas à Malpasset près de Fréjus en 1959 *. Elle confirma pour ceux qui cherchaient l'origine des tremblements de terre l'idée émise par Hubbert et Rubey que l'eau était un élément important dans leur déclenchement.

* Après cette catastrophe tragique, les accusateurs surgirent de tous les côtés. On cherchait des responsables. Trente ans après, force est de constater que le premier responsable était notre ignorance. A l'époque on ne savait pas que la mise en eau d'un barrage induisait des tremblements de terre qui à leur tour détruisaient l'ouvrage d'art. C'est sans doute ce qui s'est passé à Malpasset.

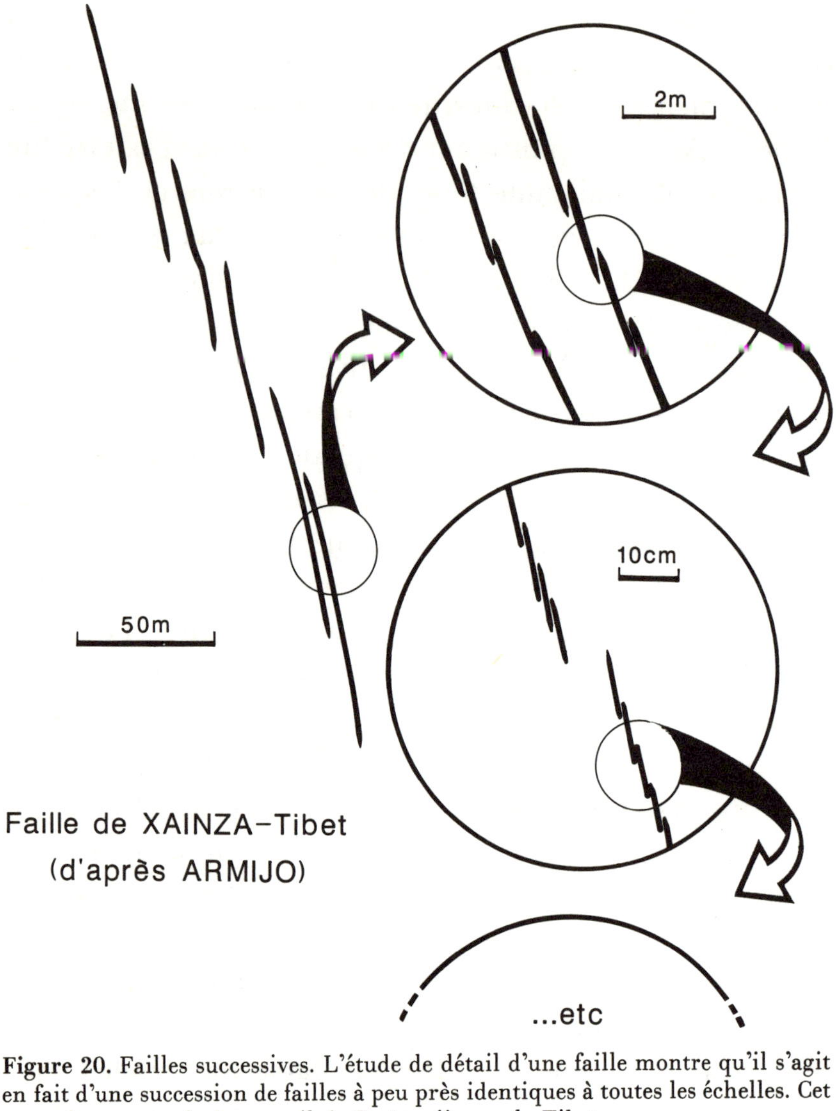

Figure 20. Failles successives. L'étude de détail d'une faille montre qu'il s'agit en fait d'une succession de failles à peu près identiques à toutes les échelles. Cet exemple est extrait du travail de R. Armijo sur le Tibet.

En fait cette théorie hydraulique n'était pas en contradiction avec celle de la fragilisation. Divers phénomènes étaient supposés abaisser la résistance des roches à la rupture. Cette fragilisation serait liée à l'histoire antérieure de la roche, à la présence d'eau et à la modification qu'elle entraîne dans le champ de contrainte local, ou à d'autres causes qui pourraient être par exemple des effets de corrosion chimique. A partir de là on a pu penser que les roches altérées, situées dans les zones de failles réagissent aux contraintes d'une manière toujours discontinue mais avec une moindre résistance que ne le feraient des roches « fraîches ». Cette explication parut il y a dix ans faire l'unanimité.

Pourtant elle est apparue assez rapidement un peu courte. Certes le rôle de l'eau dans le déclenchement de séismes à proximité des barrages est un fait bien établi et aux conséquences pratiques importantes, mais est-ce un cas que l'on peut généraliser à tous les tremblements de terre ? Certes l'eau est présente partout de cinq à vingt kilomètres de profondeur, mais est-ce une preuve suffisante pour lui attribuer *ipso facto* la cause de tous les séismes ? Aucune observation minutieuse des zones de failles n'a pu démontrer ce rôle exclusif. Alors ? Comment lever la contradiction existant entre les observations sismiques et les données de laboratoire, comment expliquer la différence d'un facteur dix existant entre les contraintes nécessaires à casser une roche au laboratoire et celles qui sont mesurées lors des séismes naturels ?

Petits ruisseaux et grandes rivières, les lois d'échelles

Le déblocage de cette situation est venu d'abord des observations fines faites sur les failles actives, c'est-à-dire portant les séismes, en particulier par les géologues de l'Ouest américain comme Clarence Allen, Robert Wallace mais aussi par des géologues anglais travaillant au Moyen-Orient comme Tchalenko, et les groupes français de néo-tectonique comme ceux de Jacques Mercier ou Paul Tapponnier.

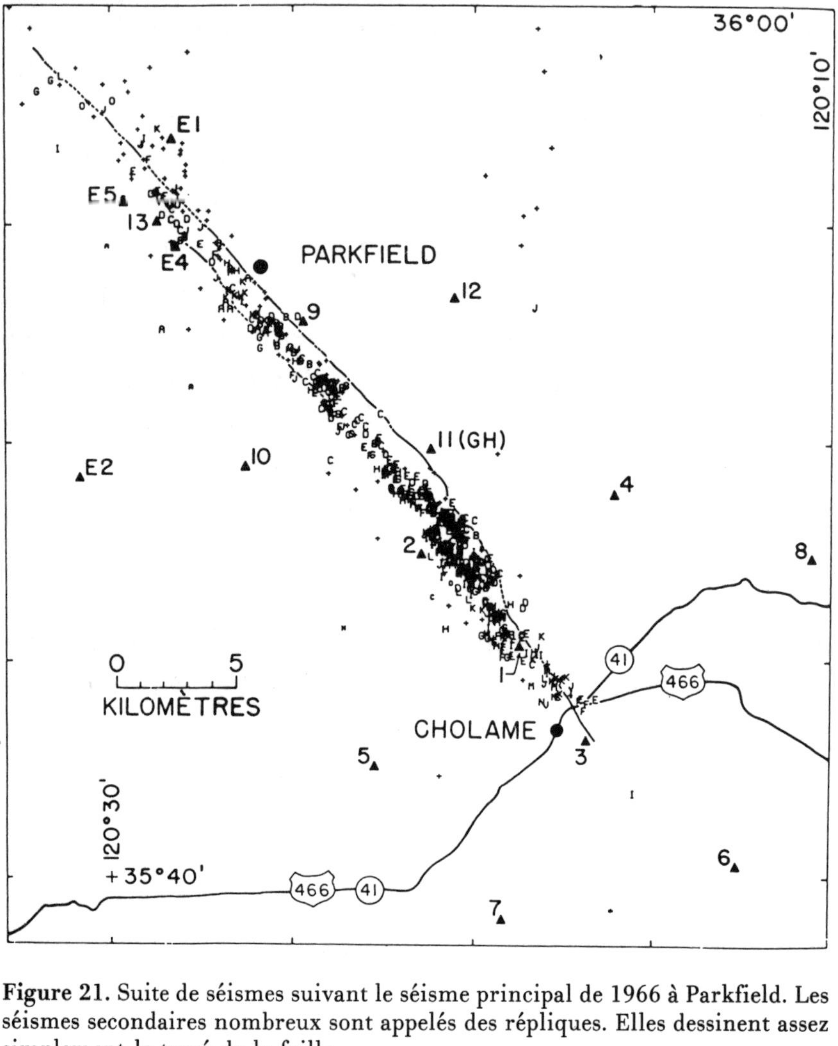

Figure 21. Suite de séismes suivant le séisme principal de 1966 à Parkfield. Les séismes secondaires nombreux sont appelés des répliques. Elles dessinent assez simplement le tracé de la faille.

Une grande faille sismique d'une dimension de 500 ou 1 000 kilomètres n'est pas une surface de discontinuité unique et franche. Elle a en fait une certaine largeur qui va de

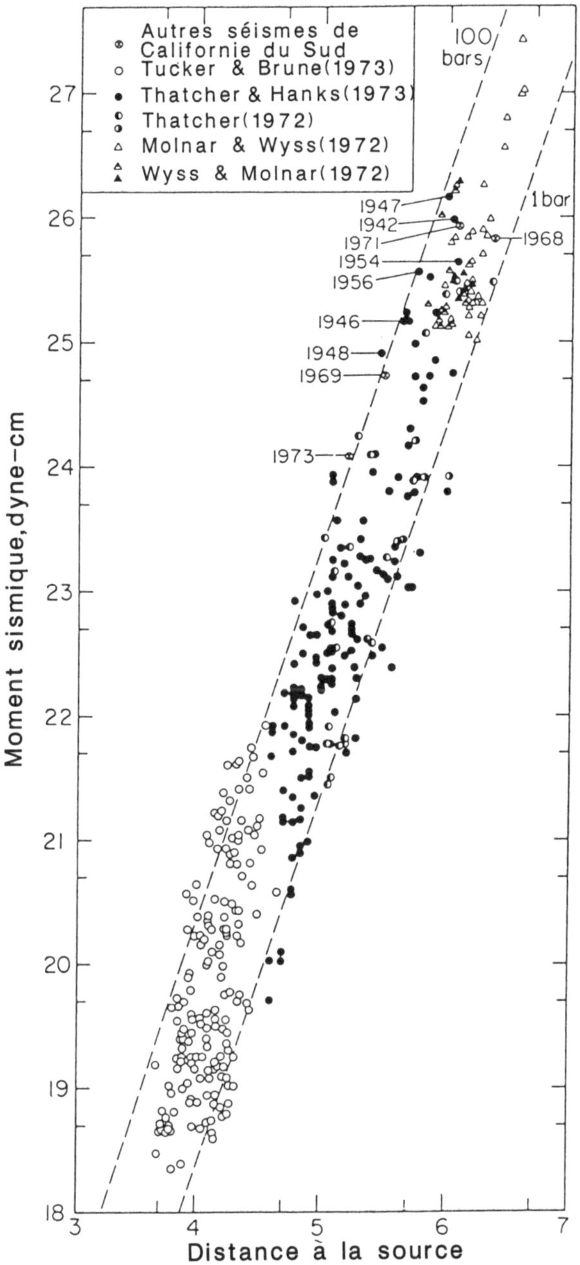

Figure 22. Diagramme montrant la relation entre le moment sismique (c'est-à-dire le déplacement multiple faille force) et la dimension de la faille source en Californie du Sud. Les échelles sont logarithmiques c'est-à-dire que chaque unité correspond à un facteur 10. On notera que les séismes se produisent sur des échelles de chute de pression considérables correspondant à une variation de la dimension des failles de plusieurs milliers. La zone observée correspond à des chutes de pression comprises entre 1 et 100 bars (reproduite d'après Hanks).

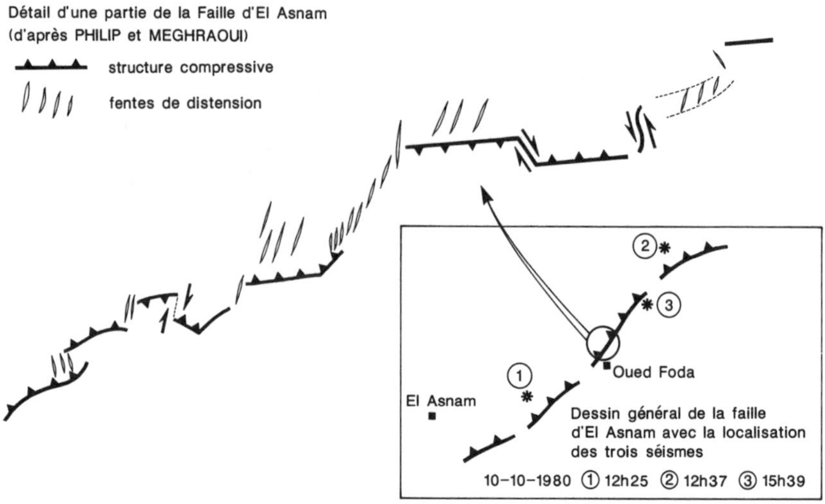

Figure 23. La faille d'El Asnam où a eu lieu le tremblement de terre de 1980. On peut voir que la faille a un tracé discontinu. Cette faille correspond à la compression entre l'Afrique et l'Europe et est donc de type inverse. Toutefois on constatera que la répartition des cassures, des déplacements et des séismes est très complexe.

100 mètres à 5 kilomètres. Là dans cette zone on trouve toute une série de failles de dimensions plus petites, elles-mêmes constituées par la combinaison de cassures de dimensions encore inférieures. Horizontalement, c'est-à-dire cartographiquement, il en est de même. Une grande faille n'est pas un trait continu mais plutôt un réseau qui se diversifie, une combinaison de failles plus petites, qui se combinent pour donner l'illusion d'une continuité. Cela a été très bien montré sur la faille de San Andreas où une cartographie de détail par Altila Aydin ou Scholz permet de mettre en évidence ces phénomènes de combinaisons complexes. Ainsi, aussi bien dans le plan que dans l'espace, les failles ne sont que des combinaisons de failles de dimensions plus petites, et ce phénomène de cascade se poursuit jusqu'à l'échelle de la roche où des craquelures centimétriques attestent du phénomène de rupture intime.

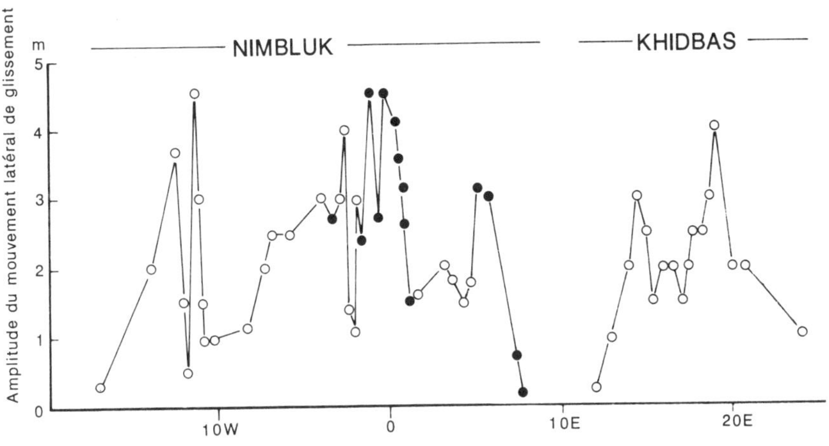

Figure 24. La distribution des déplacements le long de la faille de Dasht e Bayaz lors du tremblement de terre de 1968. On notera que les déplacements sont très variables et qu'ils sont même nuls entre la zone de Khidbas et Nimbluk sur près de 4 km. Cette figure extraite du travail de Tchalenko et Berberian illustre bien l'irrégularité du phénomène de rupture le long d'une faille. C'est cette irrégularité qui est à l'origine de la théorie des aspérités ou des barrières de rupture.

Ces observations sont à mettre en parallèle avec les déterminations séismologiques. Comme nous l'avons dit, un gros séisme n'est pas un événement isolé. Il est accompagné dans la même zone de tout un essaim de séismes de magnitude inférieure. Certains avant, beaucoup plus après. La répartition en magnitude est très étendue. De là l'idée d'admettre que dans un séisme ce n'est pas toute la zone de faille qui casse, mais certains segments, certaines zones, et que d'autres au contraire résistent. Cette idée correspond d'ailleurs aux observations faites par les géologues sur les failles actives juste après qu'elles ont subi un séisme. Ces observations montrent des rejets très variables suivant les endroits. Une faille est horizontalement formée d'une série de « pièces » (*Patch*), d'une suite de surfaces dont les orientations et les inclinaisons varient, dont les relations de continuité sont compliquées. Lors d'un séisme, telle zone subit un déplacement brutal, telle autre reste immobile, telle autre glisse. Reprenant alors les calculs théoriques sur ces nouvelles bases, dans une approche connue sous le nom de théorie des barrières ou de théorie des aspérités, Kei Aki et Hiroo Kanamori ont indépendamment montré que dans ce cas la chute de contrainte était bien localement de l'ordre de 500 à 1 000 bars, valeurs tout à fait en accord avec les expériences de mécanique des roches. Comme les zones qui cassent ne représentent qu'une fraction faible de toute la surface de la faille, la chute *moyenne* de contrainte est plus faible. Le mystère se dissipe.

Mais ce type d'approche dépasse le simple calcul de la chute de contrainte et touche toute notre manière d'appréhender le séisme lui-même.

Le phénomène séismique apparaît comme un cas particulier de la déformation des ensembles rocheux, celui pour lequel les phénomènes de rupture ayant lieu aux diverses échelles se combinent si bien qu'ils donnent une cascade « explosive ». Le séisme ce n'est pas *une* rupture, mais une cascade de ruptures coordonnées entre elles. A l'inverse, lorsque cette « coordination » ne se fait pas, lorsque les cassures se produisent sans logique intermédiaire, la déformation est lente, diffuse, progressive. Les petites cassures se produisent, les petits tremblements aussi, mais aucune « explosion ». Ainsi sur la faille de San Andreas elle-même, on connaît des zones de déformation lente, sans gros séismes mais avec beaucoup de microséismes. Dans ces zones, les lèvres de la faille glissent lentement, sans bruit, sans blocage, sans rupture brutale. Ces zones de glissement contrastent avec les autres, celles qu'on surveille et où se produisent les séismes, brutaux, soudains, imprévisibles.

Ce sont vers ces lois d'échelles, dont le détail est encore mal connu, que se tournent aujourd'hui les scientifiques pour comprendre le phénomène cataclysmique que sont les séismes. En somme un séisme ne serait qu'un phénomène « explosif » mettant en jeu des millions de petites ruptures ayant lieu en cascade, comme une explosion chimique est une cascade de réactions chimiques. Les relations failles-séismes seraient à double sens. L'existence d'une densité de failles à un endroit induit le déclenchement d'un nouveau séisme. Celui-ci, en créant une nouvelle faille, augmente la densité de cassure et donc la capacité sismogène de la zone. La combinaison des petites failles dans le temps se retrouve dans la structure intime des failles dans l'espace. Nous verrons que ce n'est pas sans conséquences pour la prévision.

CHAPITRE III

Les montagnes ardentes

Les volcans sont des montagnes qui crachent du feu. Cette définition vieille comme le monde, qui englobe la morphologie de ces objets naturels comme leur comportement, en vaut bien une autre. Sa traduction poétique en montagnes ardentes par Buffon m'a séduit.

En parlant de volcans, nous évoquons des pustules géantes et flamboyantes de la surface terrestre. Ces objets ont une forme, une dimension, ils sont constitués par un certain type de roches, ayant une composition chimique et une texture définies. Mais ce qui « qualifie » le volcan par rapport à tout autre relief terrestre, plus encore que sa forme conique bien caractéristique, c'est le phénomène éruptif qui, par apports successifs, lui donne naissance. C'est lui qui gouverne tout car on peut suivre le cheminement depuis le dynamisme éruptif jusqu'à la construction de l'édifice rocheux, étape par étape, séquence après séquence.

Volcans et volcans

Les éruptions volcaniques sont de types multiples.

Certaines, telles de gigantesques canonnades, projettent

vers les cieux des gaz, des bombes et des cendres à des vitesses parfois supersoniques. Ainsi fut enseveli en quelques jours Pompéi. Ainsi l'île de Krakatoa disparut de la carte du monde il y a cent ans. Lorsque, comme dans les deux cas mentionnés, le volume des produits émis est important, ces éruptions sont de véritables cataclysmes. Pour les habitants des environs, pour les cultures, pour le climat du globe aussi. Lorsque, cas heureusement plus fréquent, elles ne projettent que des volumes de cendre limités, elles ne sont que des fausses alertes souvent bénignes, toujours menaçantes.

D'autres, plus calmes, émettent des laves incandescentes qui coulent lentement mais inexorablement, brûlant ou détruisant tout sur leur passage. Ces rivières magmatiques sont moins dangereuses pour la vie des hommes, car leur vitesse (une centaine de mètres à quelques kilomètres à l'heure) laisse le temps de réagir. Elles n'en constituent pas moins des fléaux redoutables pour les constructions avoisinantes qu'elles soient villages, villes ou usines géothermiques. Ces coulées sont bien connues à Hawaii autant sur l'important Mauna Loa qui culmine à 4 000 mètres que sur le plus modeste Kilauea ; à la Réunion où presque chaque année elles coupent la route et recouvrent une partie du cratère ou des flancs du piton de la Fournaise, ou encore sur l'Etna dont les réveils périodiques ne font pas fuir les habitants, sans parler de l'Islande où le phénomène est devenu banal.

Bien plus dangereuses pour l'homme sont les fameuses nuées ardentes. De l'orifice volcanique surgit à vitesse très lente, quelques mètres par jour, un dôme d'un produit « mousseux » à croûte durcie et craquelée comme la surface d'un soufflé, qui soudain se met à dévaler la pente à près de 200 kilomètres à l'heure, dévastant tout sur son passage. En

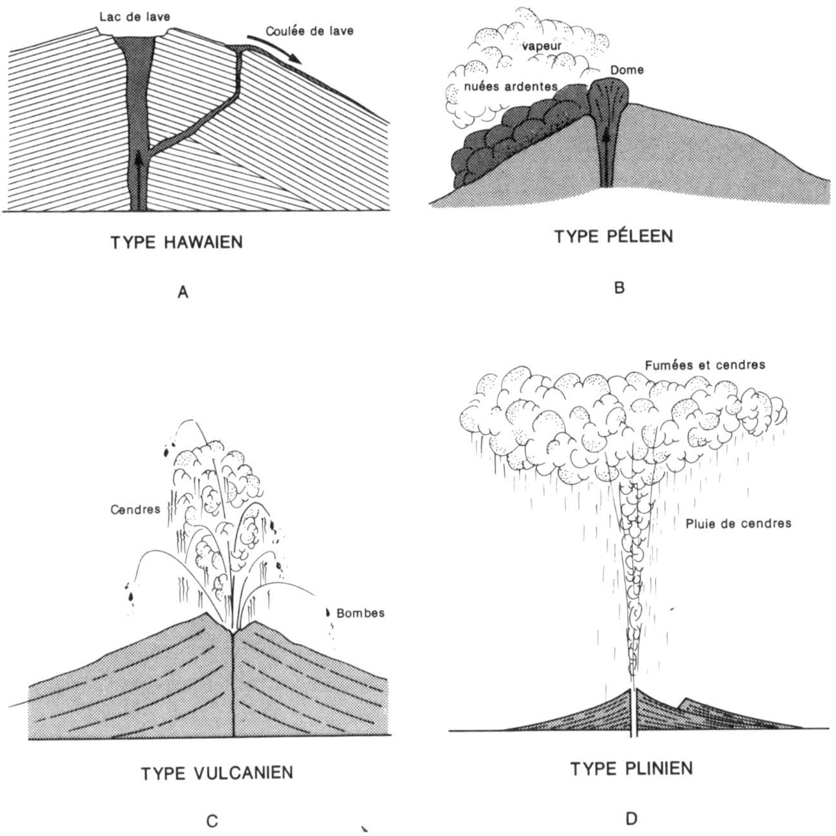

Figure 25. Ces quatre illustrations schématisent les quatre types d'éruptions volcaniques classiquement décrits. (a) *Hawaïenne*, c'est-à-dire à coulée de lave ; (b) *Peléenne*, c'est-à-dire avec nuées ardentes ; (c) *Vulcanienne*, avec éjection de laves qui s'agglomèrent en bombes de gaz et de cendres ; (d) *Plinienne*, éruption explosive de gaz et de cendres.

effet, cette mousse faite de gaz et de quelques poussières de laves et de roches, portée à des températures de 700 ou 900°, glisse sur les pentes des vallées avec une extraordinaire facilité. C'est ce type d'éruption qui engloutit le 8 mai 1902 Saint-Pierre de la Martinique et avec elle 32 000 personnes, ne laissant que deux survivants dont un prisonnier protégé par les murs épais de sa prison. C'est ce type d'éruption qui s'est multiplié lors des récentes éruptions du mont Saint-

Helens aux États-Unis ou de la Soufrière de Saint-Vincent aux petites Antilles.

Disons tout de suite que toutes ces éruptions sont accompagnées d'une activité sismique intense mais de portée locale. Les éruptions volcaniques sont rarement la source de gros tremblements de terre d'importance mondiale *. Elles sont en revanche accompagnées d'essaims de séismes petits ou moyens qui sont de loin le moyen clinique le plus important pour étudier le comportement interne des volcans. Nous y reviendrons.

Chacune de ces éruptions donne naissance à des dépôts rocheux caractéristiques. Les éruptions explosives bâtissent des cônes semblables par leur forme à des tas de sable. Les éruptions hawaïennes, c'est-à-dire avec coulées de laves, bâtissent des volcans très aplatis, des sortes de grands boucliers retournés dont les pentes sont relativement douces, mais faites de matériaux durs, de basalte solide parfois contourné en forme de cordes : ce sont ces laves lisses, *pahoehoe*, parfois avec une surface en croûte irrégulière et coupante ; ce sont les fameuses laves *aa* **, parfois découpées en prismes gigantesques comme la chaussée des Géants.

Les nuées ardentes dessinent des sortes de coulées dont le contenu est en fait un aérosol où se trouvent gaz et débris magmatiques. Elles donnent naissance à des structures rocheuses semblables à des dépôts de cendres, mais qui sont très localisés comme des coulées. On peut dire de ces matériaux qu'ils ont un caractère mixte.

Après la description que nous venons de donner, on pour-

* Elles peuvent l'être toutefois, lorsque la montée du magma crée des tensions dans les roches de « l'encaissant » qui casse brutalement. Telle est l'origine des quelques séismes qui frappent l'île d'Hawaii comme celui, célèbre, du 29 novembre 1975 qui dépassa la magnitude 7.

** On les appelle *aa* à Hawaii car, lorsqu'on marche dessus pieds nus, cela fait très mal !

rait penser qu'à chaque volcan correspond un type d'éruption bien déterminé, un style propre, spécifique pour chaque édifice. En fait la situation est plus complexe. Certes, les divers types de volcans tels que la tectonique des plaques nous a permis de les situer ont des styles dominants caractéristiques. Ainsi les volcans de points chauds ou de dorsale océanique émettent des laves fluides, qui forment des coulées. Lorsque ces coulées sont sous-marines ce qui est le cas pour la quasi-totalité des éruptions de dorsales, ces laves prennent une structure de coussins très caractéristiques *(pillow lavas)*. Ce sont ces laves que l'on drague à l'aplomb des dorsales ou que l'on peut observer en soucoupe plongeante.

A l'inverse les volcans des arcs insulaires des zones de subduction océanique sont des volcans au caractère explosif où alternent éruptions pliniennes intenses ou avortées et nuées ardentes. Ce sont eux qui sont responsables de 88 % des éruptions meurtrières.

Pourtant si, en première approximation, cette dichotomie entre volcans à laves et volcans explosifs est exacte il faut le nuancer un peu. Les volcans hawaïens ont aussi des manifestations explosives, telles que les fontaines de laves qui projettent du magma à plusieurs centaines de mètres de hauteur, comme de grosses bulles de gaz qui viendraient crever en surface. Lorsque ces volcans se trouvent dans des zones où le magma entre en contact avec l'eau, la nappe phréatique ou plus rarement l'océan, il se produit de terribles explosions, tout à faire comparables par leur violence aux éruptions pliniennes. En 1964, le volcan Surtsey qui constitue une petite île au sud de l'Islande est entré en éruption. L'eau de mer a pénétré le réservoir magmatique et une éruption qui s'annonçait calme est devenue explosive, construisant une île de cendre et de débris avec une morphologie semblable à celle de biens des volcans d'arc.

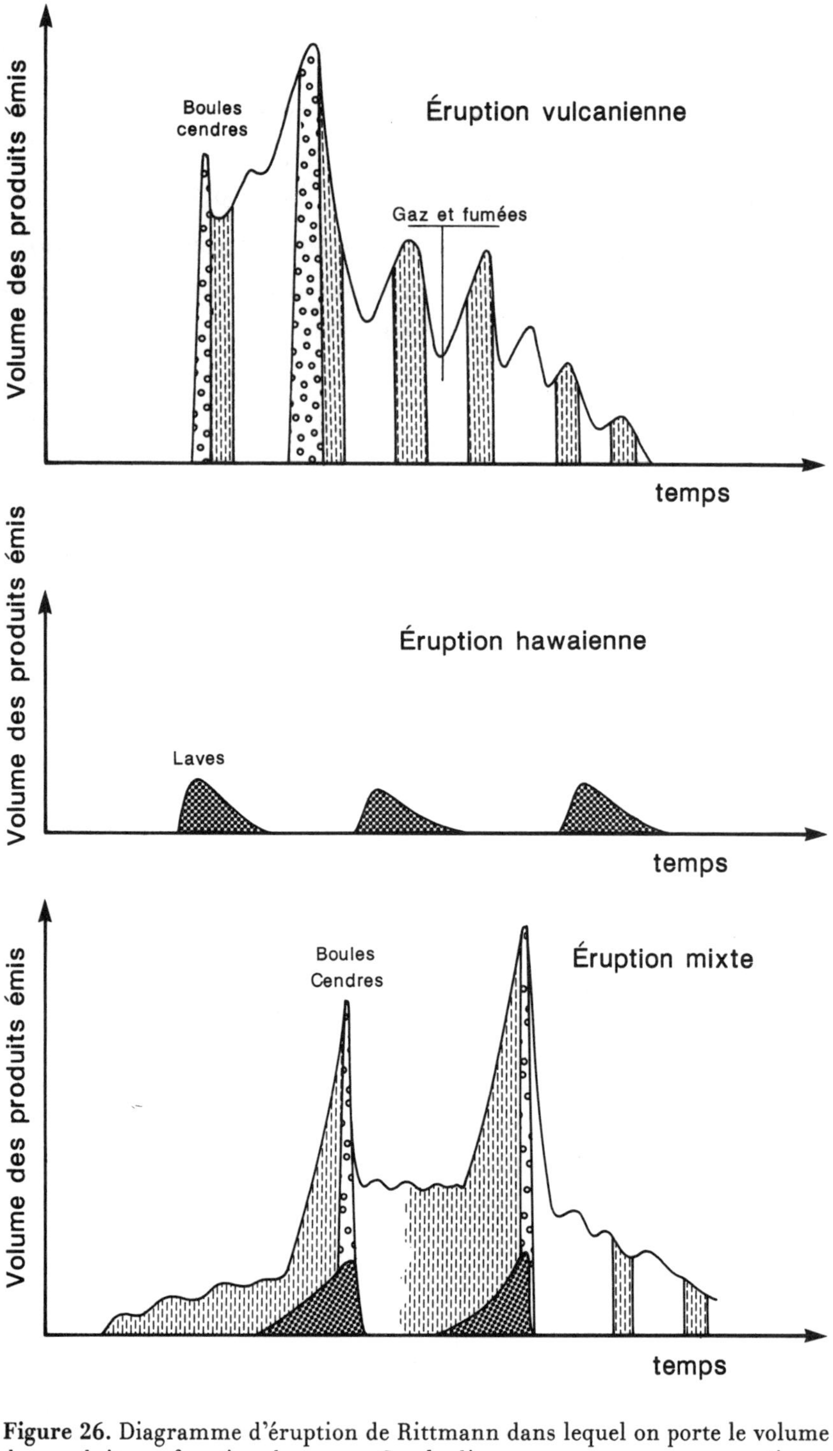

Figure 26. Diagramme d'éruption de Rittmann dans lequel on porte le volume des produits en fonction du temps. Sur le diagramme nous avons reporté une éruption vulcanienne, une éruption hawaïenne et une éruption mixte où se mêlent coulées de laves et explosions.

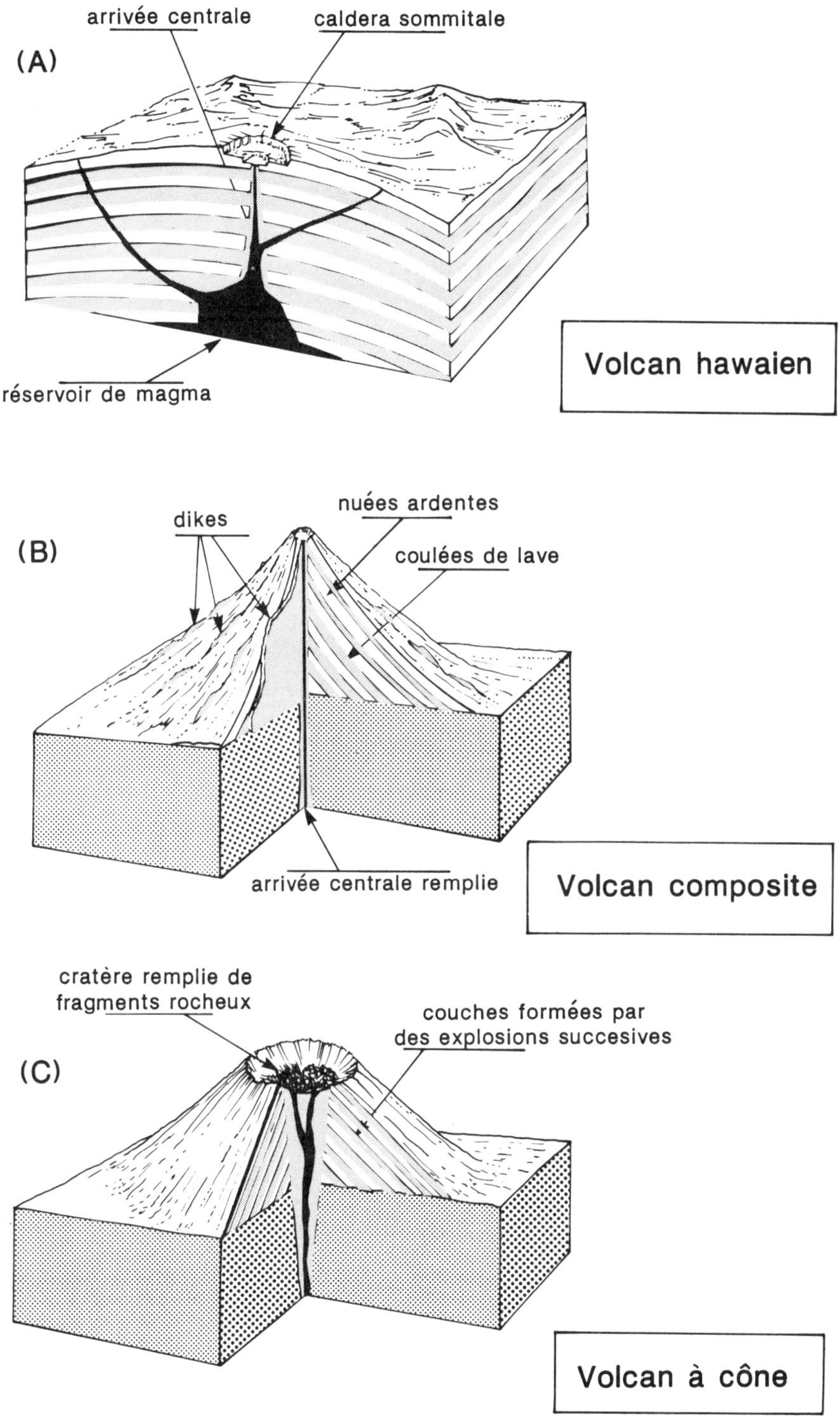

Figure 27. Blocs diagrammes montrant le résultat sur la forme des volcans des divers types d'éruptions. L'échelle étant à peu près identique on constatera le relief aplati du volcan hawaïen.

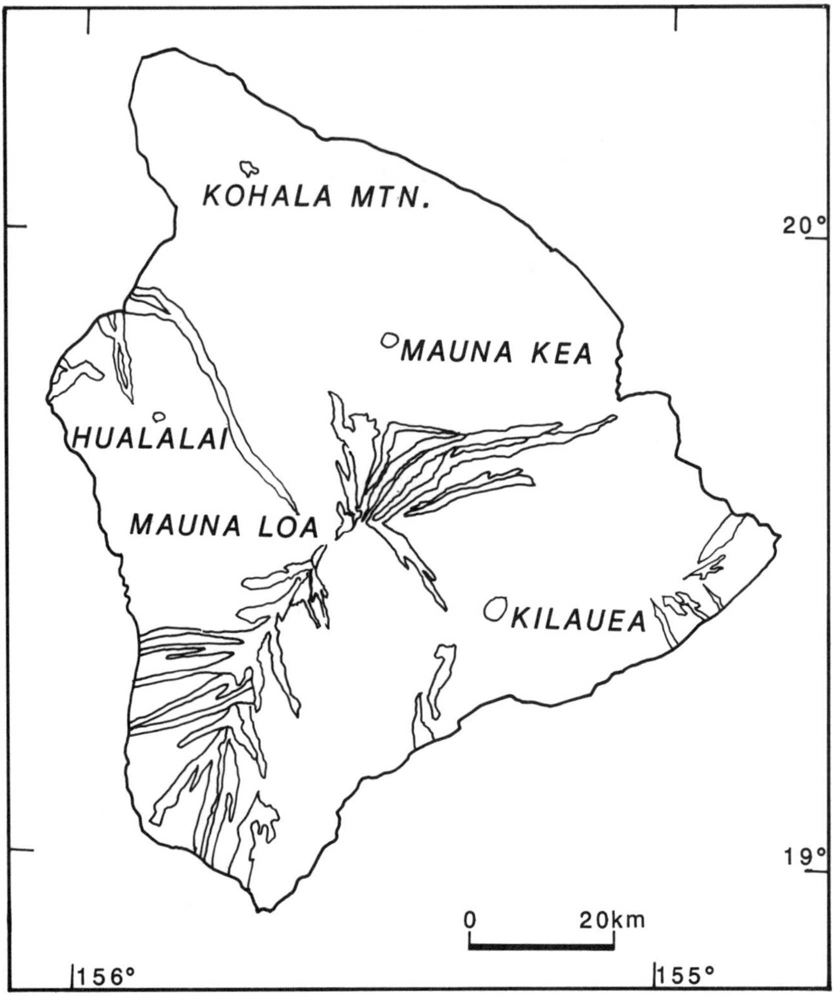

Figure 28. Carte de l'île d'Hawaii.

Symétriquement, les volcans d'arc insulaire sont capables d'émettre des coulées de laves, comme on peut le voir sur le volcan Izalco au Salvador, où ces coulées font des saignées dans la forêt. En général les volcans ont une structure mixte, coulée, cendres et bombes, dépôts de nuées ardentes. Les diagrammes d'éruption tels qu'on peut les figurer à la suite de Rittmann rendant très bien cette complexité, variable au cours d'une même éruption, variable d'une éruption à l'autre, variable d'un volcan à l'autre. La structure interne des volcans, que l'on peut étudier grâce à l'action décapante de l'érosion, traduit bien le caractère souvent composite et complexe de la vie d'un appareil. La plupart des volcans n'ont pas été formés par un seul type d'éruption mais par la succession d'éruptions de types variés.

La variété dans les types d'éruption se retrouve aussi dans la nature des produits émis par les volcans. Les roches qui résultent de la cristallisation des coulées fluides des volcans hawaïens et apparentés sont des basaltes. Roche sombre qu'égaye parfois des cristaux d'olivine verte. Le basalte liquide étant peu visqueux, le magma basaltique coule facilement. A l'inverse, la roche qui domine dans les produits des volcans d'arcs insulaires a pour nom andésite, pour rappeler la cordillère des Andes. Cette roche est beaucoup plus claire que le basalte et nettement plus riche en silice. En fusion elle a une viscosité beaucoup plus grande, une aptitude à couler bien moindre : les coulées d'andésite sont plus rares et moins longues que celles de basalte.

Comme on vient de le voir, la viscosité des laves volcaniques est une propriété fondamentale pour comprendre les volcans. Une lave fluide, peu visqueuse, se déplace vite, coule « loin » et donc affadit les reliefs. Une lave visqueuse monte lentement et ne parcourt qu'un chemin limité. Or la viscosité des laves varie considérablement avec leur teneur en silice. Lorsqu'on passe d'une teneur en silice de 50 % à 70 % la viscosité augmente *dix mille fois*, comme si l'on passait de l'eau à du caramel mou ! On comprend pourquoi un basalte fluide pauvre en silice monte à la surface facilement puis y coule avec aisance alors qu'il faut une forte pression de gaz pour amener les andésites visqueuses riches en silice à faire le trajet.

La distinction entre volcans basaltiques et volcans andésitiques, entre « volcans fluides » et « volcans visqueux » n'est pourtant pas absolue. Les produits émis par un même volcan varient avec le temps suivant des processus chimiques complexes que l'on appelle la différenciation magmatique. Ainsi les volcans dits basaltiques peuvent, eux aussi, émettre des produits riches en silice mais en quantité modérée. Tel est le cas par exemple en Islande, où le volcan Hekla émet ses fameuses rhyolites. A l'inverse les volcans andésitiques peuvent émettre du basalte, et aussi des roches plus siliceuses que l'andésite. On soupçonne là que, sous les volcans, se produit une « cuisine » complexe qui transforme les roches les unes dans les autres et dont l'étude fait l'objet de la pétrologie volcanique. C'est hors de notre propos. Revenons à l'essentiel.

Magmas

Dans tous les volcans, se trouve un ingrédient commun, constant, universel, le *magma*. Le magma est un bain de silicate fondu ; c'est donc un liquide, mais un liquide dont la température dépasse 900° car en dessous de cette température le magma se solidifie, cristallise, se prend en roche. Le magma est donc un liquide pâteux incandescent qui, comme un fleuve venu des enfers, charrie pêle-mêle des bulles de gaz, des morceaux de cristaux mal formés, des lambeaux de roches arrachés aux parois.

D'où proviennent ces magmas ? Comment se forment-ils ? Comment parviennent-ils à la surface ? Ces questions sont aussi anciennes que la civilisation ou plutôt que depuis les temps où l'homme a pris conscience de la réalité terrifiante du phénomène volcanique.

Il faut dissiper tout de suite une croyance répandue et hélas propagée par une ignorance entretenue : le magma n'est pas le constituant banal des entrailles de la Terre. Nous n'habitons pas sur un plancher solide surmontant un océan de magma ! C'est pourtant ce que chacun a tendance à croire et comme nous allons le voir le bon sens scientifique semble aller dans ce sens !

Lorsqu'on s'enfonce vers l'intérieur du globe, dans les mines ou dans les forages, la température augmente en moyenne de 15° par kilomètre, parfois seulement 10°, quelquefois jusqu'à 30°. Extrapolant « scientifiquement » l'augmentation de chaleur mesurée dans les puits, il est relativement facile d'obtenir des températures voisines de 1 000° ou 2 000° pour des profondeurs de 100 ou 200 kilomètres. Or, lorsqu'au laboratoire, on porte des roches à de telles températures on constate qu'elle fondent. On constate aussi que ces températures sont précisément celles des laves que nous voyons couler hors des volcans. Quoi de plus naturel donc que d'admettre que l'intérieur du globe est fait de magma fondu ? Ce magma serait surmonté par une croûte refroidie solide, la croûte terrestre. Chaque fois qu'une cassure, une fissure naît dans cette croûte, le magma bouillonnant de l'intérieur saisirait cette opportunité pour jaillir à la surface. Ainsi naîtraient les volcans. A la logique quasi scientifique d'une telle croyance, se superpose le fait que l'idée d'un intérieur du globe en fusion remonte aux Grecs et a été reprise depuis lors par les plus grands penseurs, de Descartes aux physiciens du début du XIXe siècle.

Sismologie et état physique de l'intérieur du globe

La sismologie a détruit cette vision. Comme nous l'avons vu, elle étudie la propagation des vibrations, des ondes émises par les tremblements de terre. Ces ondes traversent l'intérieur du globe et sont recueillies dans des observatoires répartis en divers endroits du globe. Nous savons que l'étude de ces ondes et de leur propagation a montré que celles qui traversent le globe sont de deux types. Les ondes (P) dites de compression et les ondes (S) dites de cisaillement. La théorie, comme l'expérience, nous apprend que les vibrations de cisaillement (S) ne traversent pas les liquides. Lorsque sur leur trajet existe une poche de liquide, cette poche arrête, filtre les ondes (S) en ne laissant passer que les ondes (P).

Or, les études menées systématiquement depuis cinquante ans ont montré que les ondes (S) traversent les 3 000 premiers kilomètres « extérieurs » du globe sans beaucoup d'altération. Ce domaine que l'on appelle le manteau terrestre est donc à l'*état solide.* Toutefois, ici et là, sur des dimensions très restreintes, il semble exister des petites zones de quelques kilomètres qui filtrent les ondes (S) et sont donc constituées de poches de magma, mais ces domaines sont très localisés et très superficiels. Nous aurons l'occasion d'en reparler.

L'intérieur du globe est donc solide. Et pourtant il est sans aucun doute à des températures qui dépassent 1 000° ou 1 500°. Comment ces deux affirmations *a priori* contradictoires peuvent-elles être conciliables ?

Pression et températures

La matière est constituée d'atomes liés entre eux. Lorsqu'ils sont liés d'une manière rigide formant un ensemble difficilement déformable, ils constituent ce que l'on appelle l'*état solide*. Lorsqu'ils sont liés d'une manière plus lâche, que l'assemblage se déforme facilement et prend la forme d'un récipient qui le contient, ils se trouvent à l'*état liquide*. Lorsqu'enfin ils ne sont plus guère liés que localement et forment des groupes libres, indépendants on dit qu'ils sont à l'*état gazeux*.

États solide, liquide et gazeux sont les trois états de la matière, valables pour tous les corps purs ou composés. La température exerce une influence essentielle sur l'état de la matière. Ayant pour fonction d'agiter les atomes, une augmentation de température tend à affaiblir les liaisons entre atomes. La pression joue un rôle opposé à celui de la température, elle tend à maintenir les atomes proches les uns des autres et donc à les lier les uns aux autres solidement. Dans l'intérieur du globe terrestre, pression et température se livrent une lutte féroce pour savoir laquelle exercera une influence prépondérante sur la matière. L'une et l'autre augmentent avec la profondeur mais leurs influences respectives sont antagonistes. Tendance à maintenir un confinement pour la pression, tendance à libérer des atomes pour la température. Or dans le manteau terrestre (c'est-à-dire jusqu'à 2 900 kilomètres de profondeur), c'est sauf exception locale la pression qui l'emporte. Autrement dit, une roche portée à 1 300° à la surface de la Terre est fondue, à la même température la même roche à 200 kilomètres de profondeur est solide. C'est pourquoi le manteau terrestre est solide. Pourtant, il existe des magmas qui en proviennent. Comment naissent-ils ?

Si on remonte brutalement une roche vers la surface, la pression qu'elle subit diminue instantanément. Comme la pression s'évanouit si vous enlevez le gros sac que vous portez sur le dos. En revanche, elle ne va se refroidir que très progressivement. La température, contrairement à la pression, ne se dissipe que graduellement. Si nous ramenons brutalement de 100 kilomètres de profondeur à la surface une roche solide, elle sera toujours à 1 300° mais la pression ayant disparu, elle fondra et se transformera en liquide rocheux, en magma. Les forces de pression s'étant brutalement libérées, rien ne s'opposera plus à l'action libératrice de la température. Ainsi pourront naître des magmas.

Les forges de Vulcain

Mais en science le raisonnement théorique n'est pas suffisant. Pour le vérifier, on a donc cherché à fabriquer des magmas au laboratoire, et on a réalisé des expériences qui, à partir des roches, donnent naissance à des liquides silicatés.

L'expérience n'est pas facile car il faut pouvoir porter les roches à des températures de 1 500° et maintenir des pressions dix mille fois supérieures à la pression atmosphérique. Il faut donc des autoclaves fonctionnant sur le principe de nos familières Cocottes minute, mais dans des conditions beaucoup plus sévères. Aux pressions de 10 000 atmosphères les matériaux les plus durs se déforment, les joints fuient ou risquent à tout moment de faire éclater le système avec les dangers que cela représente. Bref, beaucoup de difficultés techniques sont à vaincre.

Elles ont pourtant été vaincues grâce notamment à l'effort collectif réalisé à la Carnegie Institution de Washington qui, en vingt ans, a pu surmonter toutes les difficultés techniques et devenir le temple de ce qu'on appelle la pétrologie * expérimentale.

Nous n'allons pas nous étendre sur le détail de ces expériences minutieuses, systématiques où il faut chaque fois contrôler et mesurer température et pression, où il faut s'assurer de la composition chimique de la charge, puis analyser avec soin les produits fabriqués. Tirons-en quelques conclusions rapides. On sait reproduire au laboratoire tous les magmas que la nature sait faire naître. Basalte à teneur moyenne en silice jusqu'aux très siliceuses rhyolites ou même aux curieuses laves calcaires que l'on appelle carbonatites. Dans chaque cas, on a pu vérifier le rôle respectif de la pression et de la température. On a pu constater qu'un solide très chaud brutalement décomprimé fond spontanément, de même qu'un liquide se solidifie si l'on augmente suffisamment la pression. On a pu constater l'influence de la composition chimique du produit de départ sur la température de fusion. Une péridotite, morceau de manteau « normal », ne fond qu'à 1 200° (à pression ordinaire), un basalte fond dès 1 000°. On a pu constater aussi l'influence de l'eau. Une roche mouillée fond à une température plus basse qu'une roche sèche. Si bien qu'entre la température de fusion d'une péridotite sèche et d'un basalte mouillé il existe près de 400° de différence !

Mais, surprise, pour fabriquer ces magmas on ne part pas

* Pétrologie : science des roches.

d'un produit rocheux ayant *la même composition*. Les roches étant faites d'un mélange de minéraux, certains fondent mieux que d'autres. La fusion d'un tel mélange donne naissance à un magma dont la composition chimique est *différente* de celle du mélange de la roche de départ. Ainsi la *fusion partielle* d'une roche de départ à 40 % de silice qui constitue la composition typique du manteau donne naissance à un *magma* dont la teneur en silice est de 50 % et que l'on appelle basalte. La *fusion partielle* dudit basalte donne à son tour par le même phénomène de ségrégation un magma encore plus riche en silice, 58 % qui en solidifiant s'appellera andésite.

C'est un grand succès de la pétrologie expérimentale d'avoir compris ce rôle essentiel de la *fusion partielle* et le comportement des mélanges de minéraux que sont les roches au cours de ce processus : la fusion d'un faible volume de roche crée un magma enrichi en silice par rapport au produit de départ.

Physique des magmas

Le faible degré de fusion facilite bien des choses aussi du côté de la physique, et d'abord la circulation du magma. La zone où il prend naissance est une sorte d'éponge poreuse dans laquelle le nouveau magma va pouvoir circuler. Comme le magma est plus léger que le solide poreux qui l'entoure, il va avoir tendance à monter vers la surface.

Au cours de cette montée, le liquide va se collecter et former de véritables poches où il sera en proportion importante. A partir de ce moment, le régime de circulation du magma dans l'intérieur du globe va changer. Lorsque la « bulle » de magma aura atteint des dimensions de l'ordre du kilomètre, elle se « fraye un chemin » vers la surface en force. Elle va fracturer les roches qui la surmontent, le magma va s'engouffrer dans les espaces ainsi créés et, écartant les bords, élargissant les fissures, en induisant ainsi de nouvelles, par ce processus de fracturation magmatique, la gigantesque goutte de magma, que l'on appelle un *diapir*, va parvenir vers la surface.

La fracturation hydraulique est son mode de locomotion, le moteur en est la force d'Archimède, celle qui fait s'élever les aéronefs ou les bulles de gaz au fond d'une casserole.

La machinerie qui ségrègue et transporte le magma étant comprise, reste à déterminer le pourquoi de son déclenchement. Pourquoi la fusion partielle a-t-elle lieu à certains endroits du globe et pas à d'autres ?

Fusion et tectonique des plaques

Au niveau des dorsales médio-océaniques, l'existence d'une activité volcanique que nous avons notée n'est guère mystérieuse. Les matériaux de l'intérieur du globe montent et fabriquent le nouveau plancher océanique. La brusque chute de pression que subissent ces matériaux ascendants déclenche leur fusion par le mécanisme déjà décrit. Le processus est sans doute analogue pour le volcanisme des îles océaniques liées à des points chauds sauf qu'on ne comprend pas encore très bien la cause et la localisation de ces brusques « jets » de manteau profond. Ce sont sans doute les manifestations d'instabilités dans les processus de convection du manteau.

Au niveau des zones de subduction, des guirlandes d'îles, de cette ceinture de feu du Pacifique qui représente 90 % de la *menace volcanique*, les conditions de la naissance des magmas sont différentes. Ce n'est pas ici la décompression qui est la cause de la fusion puisque les matériaux qui fondent ne remontent pas vers la surface mais au contraire s'enfoncent vers l'intérieur, vers les hautes pressions. Il faut trouver un autre schéma. Le faible point de fusion du basalte altéré par l'eau de mer semble être au cœur de la solution.

Au niveau des zones de subduction, la plaque qui s'enfonce est constituée par une couche rigide dont le sommet est la croûte océanique, de composition basaltique. Cette croûte océanique est gorgée d'eau qu'elle a assimilée au cours de son périple de tapis roulant au fond de l'océan. Or, nous l'avons vu, les expériences de laboratoire ont bien montré qu'une roche mouillée fond bien avant une roche sèche, qu'un basalte mouillé fond bien avant une péridotite sèche. Notre plaque plongeante froide s'enfonce, se réchauffe ; le basalte mouillé atteint assez rapidement son point de fusion commençante. Ainsi prennent naissance les magmas d'arcs insulaires.

Notre plaque plongeante est donc dans la situation d'une plaque d'acier recouverte de beurre plongeant dans un bac d'eau chaude. Après un temps d'enfoncement nécessaire au réchauffement, le beurre fond, donne naissance à des bulles qui s'échappent vers la surface. Tel est, grossièrement schématisé, le comportement du basalte. Il fond vers 120 kilomètres de profondeur et donne naissance (par fusion partielle) à un magma plus siliceux que lui, de nature andésitique.

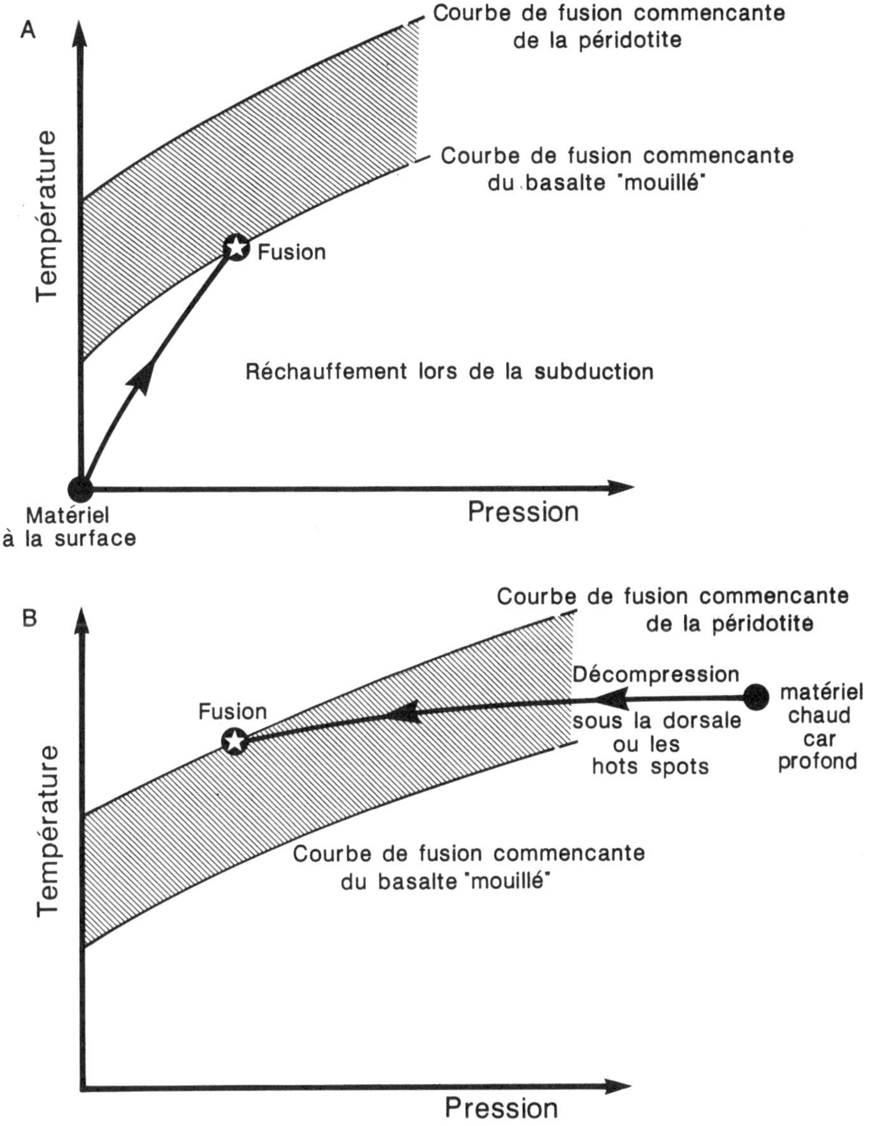

Figure 29. Diagramme température, pression, montrant les deux modes de fusion.

a. Fusion par réchauffement dans les zones de subduction.

b. Fusion par décompression sous les dorsales ou les points chauds.

Dans le premier cas un matériel froid basaltique et mouillé en surface s'enfonce, lorsqu'il atteint la courbe de fusion du basalte mouillé il fond.

Dans le second cas un matériel chaud situé en profondeur maintenu à l'état solide par l'effet de la pression est ramené brutalement vers la surface. Lorsqu'il atteint la courbe de fusion commençante de la péridotite il fond.

Nous avons donc sur la Terre deux modes de fusion, deux modes de naissance des magmas. Celui des dorsales et points chauds et celui des zones de subduction. La première par décompression produit du basalte, la seconde par réchauffement produit surtout de l'andésite. Deux modes de fusion, deux mécanismes, deux produits émis, deux types d'éruptions. La première donne un magma relativement pauvre en eau et peu visqueux conduisant à des éruptions assez calmes, la seconde produit des magmas siliceux, visqueux, chargés d'eau, dont la potentialité explosive est considérable. C'est l'eau de mer engloutie avec la croûte océanique et les sédiments dans l'enfoncement du tapis roulant qui resurgit de manière intempestive dans les éruptions pliniennes ou les nuées ardentes des volcans du Japon, du Pérou, du Mexique ou d'Indonésie. C'est elle, l'eau, l'eau du magma, qui est la cause première de son caractère si destructeur et si imprévisible. A l'inverse c'est l'absence d'eau magmatique qui donne au volcanisme d'Hawaii son caractère beaucoup plus calme, ses coulées paisibles et son relief peu accusé.

Les poches magmatiques

Les gigantesques gouttes de magma qui s'approchent de la surface ne vont en général pas y arriver directement. Dans la plupart des cas elles vont s'arrêter en route, marquer une étape, une halte. On va donc avoir à 3, 10 ou 30 kilomètres de profondeur une poche de magma, immobilisée, statique. Ses dimensions se mesurent en kilomètres. C'est ce que l'on appelle les *chambres magmatiques* ou *poches magmatiques.*

Ces chambres ont d'abord été un « objet théorique ». Les

géologues, en étudiant la composition des laves émises par un même volcan, avaient conclu que, malgré la variété de leur composition chimique et minéralogique, elles dérivaient toutes d'un même magma primaire, d'un ancêtre commun. Poussant leur raisonnement jusqu'à l'aspect quantitatif, ils avaient conclu que ces laves étaient les produits d'une distillation réalisée en milieu fermé dont les étapes étaient les causes des variations observées. Cette vision avait été confirmée par l'étude des variations des éléments chimiques mineurs, ceux dont l'abondance dans les laves se mesure en partie par millions. Il a pourtant fallu longtemps pour que les géologues fassent la liaison entre cette idée théorique qui constituait un chapitre entier dans l'enseignement de la science des roches et la description qu'ils donnaient de certains massifs rocheux très spéciaux comme il en existe à Skaergaard au Groenland ou à Stillwater dans le Montana. On sait aujourd'hui que ces massifs sont d'anciennes poches magmatiques, pétrifiées, mises à jour par l'érosion et que l'on peut donc étudier simplement en se promenant. Elles ont des formes géométriques allongées dans le sens de la longueur ou de la hauteur, des dimensions décakilométriques, et contiennent effectivement des roches dont la composition correspond à celle qu'imaginaient les chimistes des roches dans leurs modèles théoriques.

Tout cela était cohérent mais restait le résultat de raisonnements complexes. La preuve directe est venue de la sismologie qui récemment a pu dessiner les poches de magma sous le Kilauea à Hawaii, et moins nettement sous la Réunion ou l'Etna. Le concept de réservoir magmatique est donc une réalité.

A partir de là on a poussé plus avant l'étude de ces poches, de leur répartition, de leur comportement. Pour un volcan donné il peut y avoir une, deux ou même trois poches distinctes. Elles peuvent être étagées l'une au-dessous de l'autre ou réparties au-dessus d'une poche mère. Parfois même, la poche elle-même est à la surface et constitue un lac de lave comme c'est le cas à Hawaii. C'est le comportement de la poche la plus superficielle qui détermine le déclenchement ou non d'une éruption, c'est-à-dire le temps et la nature de l'arrivée du magma à la surface. Essayons d'en examiner les principes.

Une poche de magma injectée dans un environnement de roches de surface solides et froides mais souvent gorgées d'eau va avoir un comportement physique que l'on comprend bien. Premièrement le magma perd de la chaleur par ses parois et se refroidit. La couche de magma située au toit du réservoir, devenue froide, donc plus dense, va « tomber » vers le fond. Cet effondrement va initier des mouvements dans le magma qui vont rapidement s'accélérer et ressembler à ceux qui ont lieu dans une casserole d'eau chaude. On dit que le magma est animé de mouvements de convection. Au cours de cette vie turbulente, le magma digère une partie des bordures solides relativement friables et, ce faisant, il ingère des quantités d'eau superficielle. S'il n'était pas déjà saturé en eau, il le devient. Cet ensemble constitue un système physique bien défini et dont l'évolution a pu être étudiée ces dernières années tant par la simulation sur ordinateur que par l'expérimentation au laboratoire, aussi bien à Cambridge en Grande-Bretagne par Steve Sparks et Herbert Huppert, aux États-Unis à Baltimore par Bruce Marsh qu'à l'Institut de physique du globe de Paris par Claude Jaupart et son équipe.

A partir de là, on conçoit assez bien comment une éruption peut se déclencher. La première cause est la réinjection brutale de magma frais, plus chaud, venant des profondeurs.

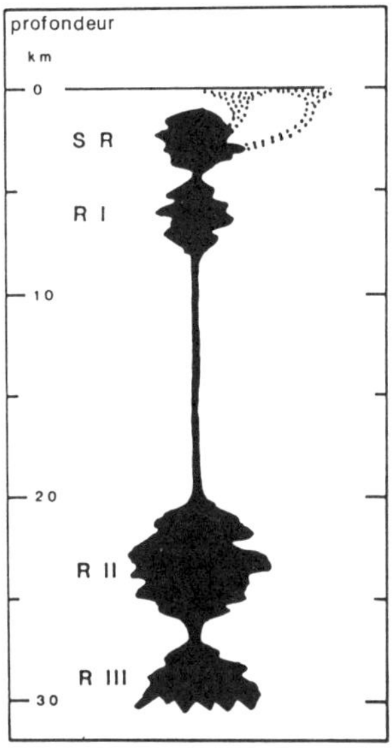

A

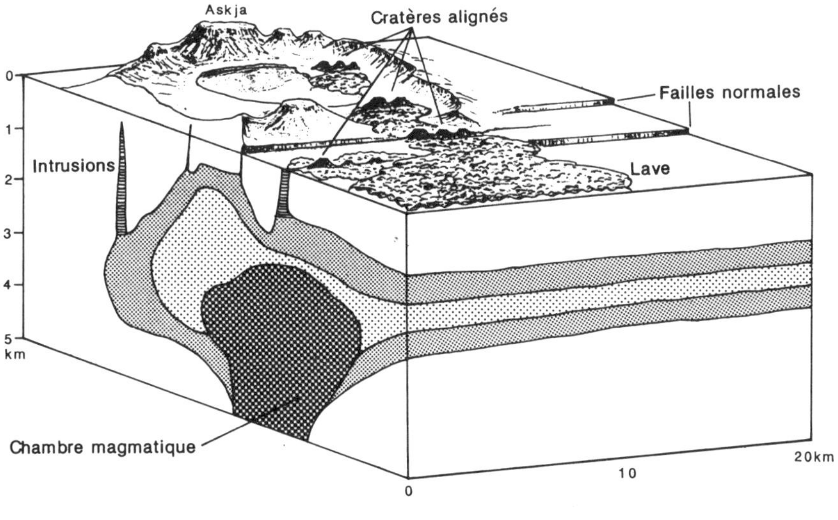

B

Figure 30. a. Schéma théorique illustrant la présence de quatre poches magmatiques sous le Krafla en Islande d'après les études du Volcanological Institute de Reykjavik.
b. Bloc diagramme montrant comment à partir d'une même chambre magmatique divers appareils peuvent être alimentés.

La chambre magmatique trop petite expulse vers le haut son trop-plein suivant des modalités parfois complexes. Ces réinjections sont fréquentes au Kilauea, à Hawaii, où elles déterminent la plupart des éruptions chaque année ou presque. La séismologie permet parfois de suivre cette montée du magma frais depuis 60 kilomètres de profondeur jusqu'à la surface, comme l'a affirmé Jerry Eaton. A la Réunion, au contraire, la réinjection de la chambre magmatique n'a lieu que tous les trente-cinq ans environ comme les minutieuses études chimiques des laves historiques par Francis Albarède l'ont montré. Les éruptions annuelles ou bisannuelles ont donc des causes internes à cette chambre.

Au mont Saint-Helens on a pu montrer que le déclenchement de l'éruption a été dû à l'injection dans une chambre en voie d'extinction d'un nouveau magma frais, qui ne s'est d'ailleurs pas mélangé avec le précédent mais dont l'action a été de déclencher l'éruption. Tel est également le scénario que Pierre Vincent et Michel Semet ont reconstitué pour l'éruption explosive du XVe siècle qui a eu lieu à la Soufrière de Guadeloupe dont l'observation n'a été transmise ni par oral ni par écrit.

Le second mécanisme par lequel une éruption volcanique peut avoir lieu est plus interne, plus local. Tout part du mécanisme de base d'évolution de la chambre magmatique. En se refroidissant, la poche de magma expulse des gaz dissous en son sein. En effet, la solubilité du gaz dans un magma décroît lorsque la température s'abaisse. Le mélange magma-gaz devient avec le temps de plus en plus léger et porte donc en lui-même une force ascensionnelle puissante. De plus, au fur et à mesure que les gaz se dégagent ils s'isolent. Ces gaz font monter la pression comme dans une Cocotte minute, et mettent donc la chambre dans une situation potentiellement explosive. A partir de là divers scénarios peuvent libérer la force potentiellement explosive que le temps a permis d'accumuler. Un mouvement tectonique local provoque une fissuration du volcan. Le magma surchauffé et le gaz s'y engagent comme dans une brèche, l'élargissant, les gaz se dégazent de plus en plus comme lorsqu'on ouvre une bouteille de champagne et finiront par projeter le tout à la surface en une sorte d'injection explosive.

Si une cause fortuite ne joue pas le rôle de détonateur, il faudra attendre patiemment que la pression interne soit suffisante pour faire exploser « le couvercle », le bouchon qui obstrue les conduits reliant poche et surface. L'explosion sera alors encore plus violente mais finalement de même nature.

Entre ces deux scénarios il peut exister bien des intermédiaires, bien des combinaisons. Plus la pression interne augmente, plus petite doit être la sollicitation tectonique pour déclencher l'éruption. De même entre ce magma gazéifié et le mécanisme de réinjection, beaucoup de scénarios mixtes sont possibles. Il suffit d'une petite réinjection dans un magma surgazéifié pour déclencher un cataclysme ; pour un magma moins évolué la réinjection devra être plus importante pour être efficace.

Les éruptions qui sont gouvernées par le comportement local des chambres magmatiques superficielles sont très fréquentes. Elles peuvent être de type calme, lavique, comme l'Etna ou la Réunion. Elles peuvent être explosives comme c'est le cas du volcanisme d'arc insulaire du Japon ou d'Indonésie. On a là un modèle de comportement fondé sur des mécanismes assez simples et dont la multiplicité assure par combinaison la variété des types d'éruption. A l'Etna, comme l'ont bien établi Michel Condomines et Jean-Claude Tanguy, il existe deux chambres magmatiques. L'une profonde à 20 ou 30 kilomètres, l'autre superficielle. La chambre superficielle est alimentée par la chambre profonde tous les dix ou quinze ans. La chambre profonde est alimentée avec une fréquence nettement plus faible que l'on a pu estimer à dix mille ans. Là encore, les éruptions à peu près bisannuelles de l'Etna sont à rechercher dans l'activité de la chambre superficielle ou dans l'interaction entre les deux chambres plutôt que du côté de la réinjection de magma frais. Au Krafla, dans le nord de l'Islande, l'existence de plusieurs chambres magmatiques superposées est bien établie grâce aux travaux de Tryqgvason et de l'équipe du Volcanological Institute de Reykjavik. Leur interaction, leurs échanges de magma qui sont à l'origine de toute activité magmatique de cette région sont aujourd'hui bien compris grâce aux mesures de déformation du sol et à la cartographie des foyers des petits séismes volcaniques. Il faut pourtant souligner que ces concepts, ces modèles n'ont émergé que petit à petit et que le nombre de volcans étudiés et expliqués ainsi est encore limité. On a dorénavant un fil d'Ariane, c'est déjà beaucoup.

A ces éruptions où les gaz sont contenus dans le magma lui-même et s'en dégazent, que l'on englobe sous le terme général de magmatique, on oppose les éruptions où les gaz sont externes au magma et que l'on qualifie de phréatiques. Lorsque, par exemple, une montée de magma chauffe la nappe phréatique, la vaporise et fait exploser le réservoir de vapeur, on parle d'éruption phréatique comme il s'en est produit de nombreuses au cours de l'histoire du Vésuve. On parle aussi d'éruption phréatique pour les éruptions islandaises du Surtsey lorsque la lave, arrivant en abondance au fond d'un bord de mer, vaporise cette dernière, provoquant une gigantesque explosion. Dans le cas d'Hawaii les éruptions phréatiques explosives ont des caractères très particuliers. Le lac de lave se retirant, la colonne de lave qui empêchait l'entrée de la nappe phréatique dans le conduit descend au-dessous du niveau d'eau. Une partie de la nappe phréatique se déverse dans le conduit, est vaporisée instantanément, et une explosion gigantesque, aussi meurtrière que le Vésuve de Pompéi, en résulte. L'étude géologique des volcans hawaiiens a montré que dans le passé plusieurs éruptions phréatiques violentes ont aussi eu lieu. Heureusement, à ces époques, l'île n'était habitée que par un petit nombre d'« indiens * » mais cela ne rassure pas les habitants actuels et plus nombreux de la petite ville de Hilo. Notre piton de la Fournaise, à la Réunion, est, dans la période présente, calme, et laisse déverser ses paisibles coulées, destructrices pour les ouvrages d'art mais qui ne menacent pas l'homme. Qu'advientra-t-il si les fissures qui s'ouvrent sur ses flancs atteignent la mer ? Bien que l'expérience d'Hawaii, où la zone fissurée du Kilauea atteint parfois la mer sans grande conséquence, nous rende optimistes, une formidable éruption phréatique déclenchée ainsi n'est pas totalement exclue. L'éruption du Krakatoa, la plus meurtrière de l'histoire **, n'est-elle pas une éruption d'abord magmatique qui, avec l'entrée de la mer dans la gueule du volcan est devenue phréatique, pulvérisant le volcan et en même temps l'île ? Ceci est l'inverse de ce qui se produisit au mont Saint-Helens où une série de petites éruptions phréatiques détruisirent le dôme petit à petit, fendillant les conduits et préparant ainsi une importante éruption magmatique. Tel aurait pu être le cas à la Soufrière de Guadeloupe en 1976, comme l'ont montré les études scientifiques sérieuses faites sur cette éruption. Comme on le voit, tout

* Terme impropre employé par les auteurs américains !

** Par le raz de marée qu'elle engendra et qui ravagea les côtes de Java et de Sumatra.

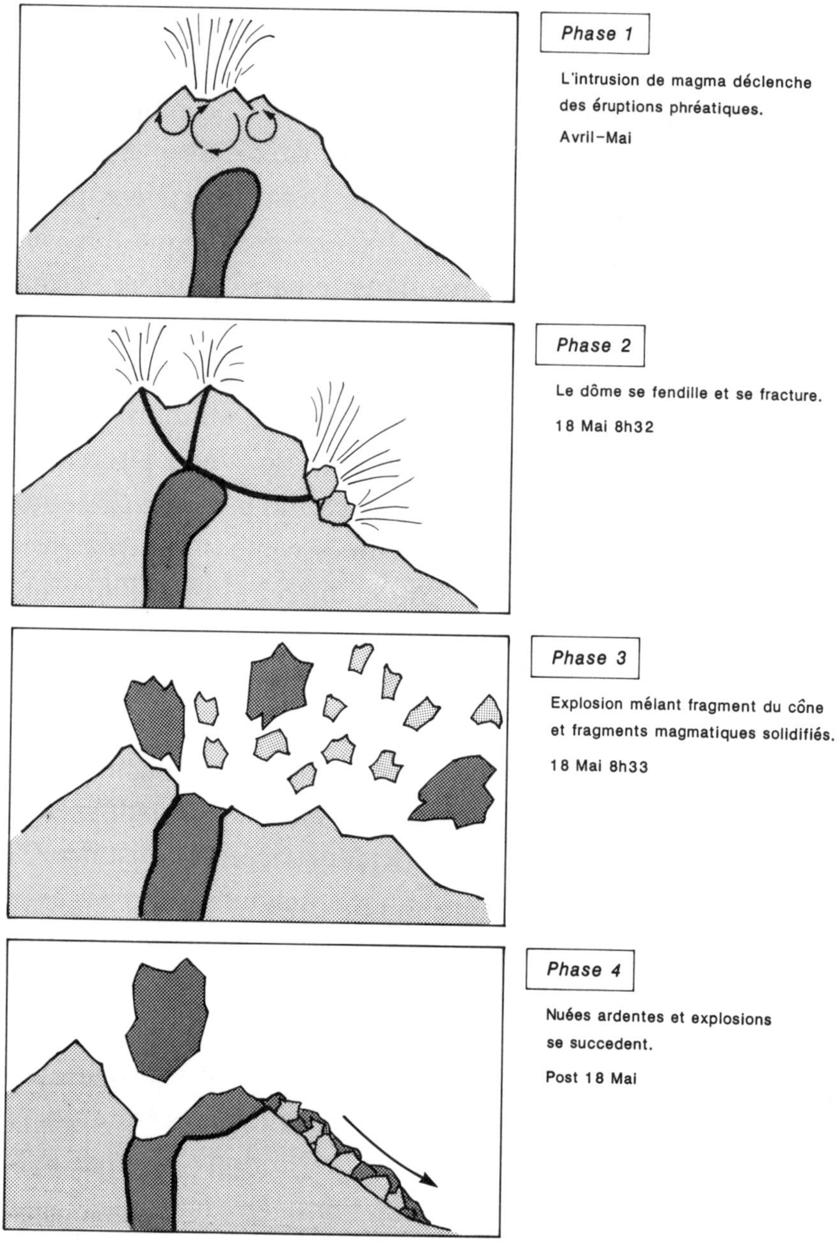

Figure 31. Schéma simplifié expliquant les grandes phases de l' évolution du mont Saint-Helens lors de l'éruption de 1985. Lors de l'éruption de la Soufrière de la Guadeloupe en 1976, l'évolution se serait arrêtée à la première phase.

cela est aujourd'hui bien compris, ce qui ne veut pas dire bien maîtrisé.

Pour ce qui concerne la connaissance fondamentale des volcans, nous venons de voir que, pour les éruptions magmatiques aussi bien que pour les éruptions phréatiques, tout était contrôlé par le comportement des gaz et plus encore par les interactions entre gaz et magmas.

Les gaz volcaniques

Depuis que vers 1910 le grand volcanologue Jaggar, fondateur de l'observatoire d'Hawaii et professeur au MIT, l'a affirmé, chacun s'accorde à voir dans l'interaction gaz-magma la cause des éruptions volcaniques violentes. Il suffit d'en avoir vu une, en réel ou à la télévision, avec ses projections de bombes, ses sifflements, ses grondements, ses panaches de fumées grises se multipliant en volutes complexes, ses jets violents de laves incandescentes, pour imaginer que tout cela n'est que la manifestation spectaculaire de la libération d'énergie d'un gaz chaud surpressé et dont on a brutalement libéré la force expansive.

A partir de là, d'aucuns ont conclu qu'en analysant soigneusement la composition de ces fameux gaz, la variation de cette composition avant, pendant, après l'éruption, on allait pouvoir comprendre les raisons d'une éruption volcanique. Chacun de nous a pu voir ces hommes vêtus de cagoules ignifugées ressemblant vaguement aux explorateurs lunaires s'approcher de la lave incandescente, de longues tiges métalliques à la main, afin d'en prélever les fameux gaz. Opérations combien médiatiques qui ont fait passer les frissons de la « science dangereuse » chez bien des gens autant émerveillés que convaincus.

En vérité l'analyse des gaz de volcans est une opération très difficile à mener à bien correctement. L'interaction du système volcanique avec l'environnement atmosphérique conduit à polluer les gaz primaires. Les réactions chimiques gaz/roches ont des vitesses si variables et si mal connues que l'opération qui consiste à calculer la composition initiale à partir de la composition finale est mal maîtrisée. Opération difficile donc, et qui, pour ce qui est de la compréhension des mécanismes volcaniques fondamentaux, ne sert pas à grand-chose.

L'analyse chimique des gaz de volcans est aussi utile pour comprendre les mécanismes d'une éruption que l'analyse de la fumée d'une locomotive est efficace pour comprendre le mécanisme de la machine à vapeur. Ceux qui ont pratiqué ce sport dans le but de comprendre les mécanismes des éruptions volcaniques se sont trompés. Ils croyaient que le secret résidait dans la chimie des gaz, il réside en fait dans la physique. La chimie des gaz volcaniques est un sujet d'étude important mais pour d'autres raisons. L'étude du dégazage de la Terre aujourd'hui nous apprend comment ce phénomène a pu, à l'orée de l'histoire de la Terre, puis plus tard, constituer l'atmosphère qui nous entoure. L'analyse des composés chimiques qui s'échappent des fumerolles nous aide à comprendre comment les transports de fluides chauds chargés de sulfures et de métaux ont pu donner naissance aux veines métalliques que l'on exploite en gisements.

La connaissance précise des composés chimiques exhalés par les volcans permet d'estimer leur toxicité et les dangers qu'ils peuvent représenter pour les populations avoisinantes, comme les accidents récents en Indonésie ou au Cameroun l'ont mis en évidence.

Revenons donc à la physique de ces gaz volcaniques dont les constituants sont toujours l'eau dominante, le gaz carbonique et un peu de gaz soufré. Cette physique des gaz volcaniques est une discipline qui met en jeu des processus fondamentaux encore mal compris. On doit répondre à des questions de physique fondamentale : par quels mécanismes se crée une bulle de gaz ? pour une proportion de gaz donnée, pourquoi y a-t-il tantôt beaucoup de petites bulles dispersées dans le magma, tantôt quelques grosses bulles isolées ? comment s'écoule un mélange gaz-magma dont la proportion relative des deux composants varie ? etc.

Cette physique des magmas appuyée sur la mécanique des fluides polyphasés a fait ces dernières années des progrès considérables qui nous permettent déjà d'éclairer notre lanterne vis-à-vis des éruptions volcaniques.

Lorsque la pression diminue, la solubilité des gaz dans le magma diminue. Autrement dit, si on abaisse la pression d'un magma saturé en gaz, il va avoir tendance à « faire des bulles ». Si on transforme un magma, épais, homogène, en un mélange magma-bulles, ce dernier mélange, plus léger que le magma, va avoir tendance à monter. En montant il va se décomprimer, donc le nombre de bulles va augmenter, rendant l'émulsion encore plus légère et ainsi de suite. Comme on le voit, la formation de bulles dans un magma qui monte est un phénomène autoaccéléré. Et c'est bien ainsi que les éruptions volcaniques vont avoir lieu mais en même temps c'est bien ainsi que s'explique leur diversité.

En fonction de la viscosité du magma (donc de sa composition chimique), les bulles peuvent être petites ou grosses. Grosses, elles montent seules, entraînant lentement le magma, donnant naissance à des éruptions calmes, où le dégazage est précoce par rapport à l'éruption. C'est un cas

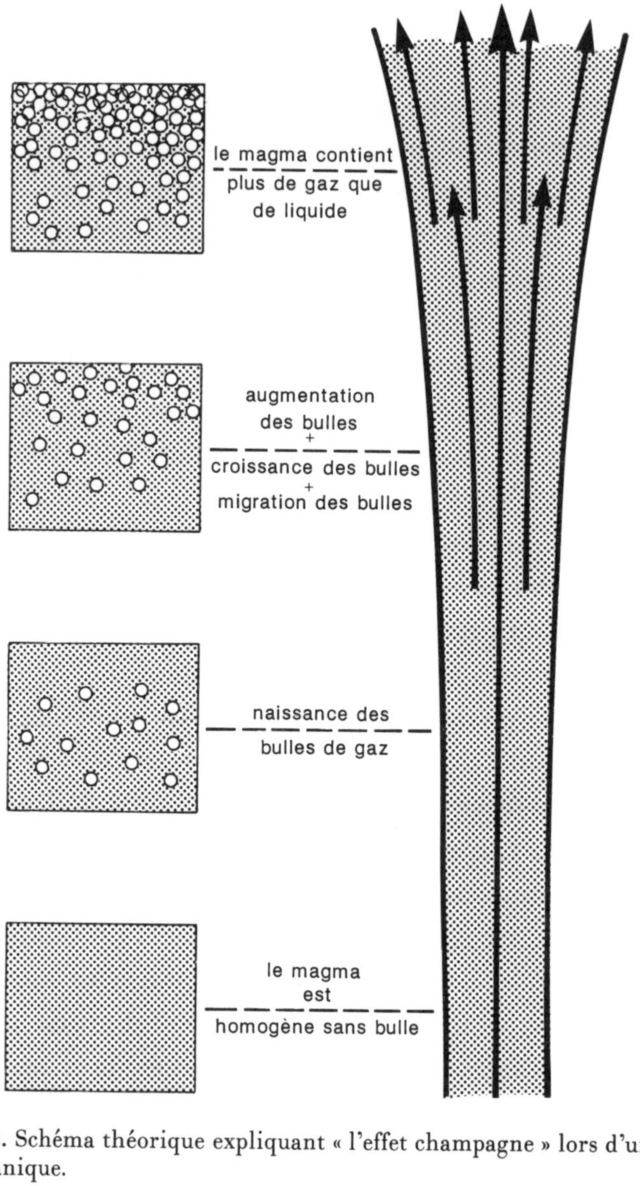

Figure 32. Schéma théorique expliquant « l'effet champagne » lors d'une éruption volcanique.

fréquent pour les magmas basaltiques, comme à Hawaii ou à la Réunion.

Petites et nombreuses les bulles forment une trame qui entraîne le magma. Ce sera le cas pour les magmas visqueux, riches en gaz des zones de subduction. Mais là il reste à comprendre pourquoi ces émulsions gaz-magma sortent tantôt violemment, à vitesse supersonique, engendrant des ondes de choc bien étudiées par Susan Kieffer au mont Saint-Helens, et tantôt lentement, en donnant naissance aux nuées ardentes si meurtrières. Entre une nuée ardente et une éruption plinienne, le rapport gaz/magma semble peu différent et pourtant quelle différence de comportement ! Il y a là un problème délicat de *bifurcation de comportement* que l'on devra élucider si l'on veut comprendre la mécanique volcanique.

Comme on peut le voir, la théorie progresse même vite grâce à l'introduction massive de la mécanique des fluides, des simulations sur ordinateur, etc. Mais on est encore loin de pouvoir prédire le comportement d'un volcan à partir de telle ou telle série de paramètres mesurés. Quels paramètres doit-on mesurer pour les lier à la théorie ?

Les approches théoriques que nous avons évoquées ont été essentiellement inspirées par les observations des produits émis et les observations phénoménologiques des divers types d'éruptions. Pourtant, au cours d'une éruption, on fait aussi des observations plus physiques, comme les mesures sismiques, ou les mesures d'inclinaison du sol. Or ces mesures précises, quantifiées que l'on utilise largement pour la prévision, sont encore très largement découplées de la théorie. C'est là un paradoxe, mais qui s'explique par la manière dont s'est développée cette discipline séculaire et pourtant très moderne qu'est la volcanologie. Elle s'est d'abord développée autour d'observations, puis de mesures diverses, avec l'espoir à partir d'elles de trouver le fil directeur. Comme dans beaucoup de cas, les volcanologues pensaient qu'en accumulant observations, mesures multiples et variées, il sortirait de ce catalogue un scénario théorique. Il n'en a rien été. Les scénarios que nous avons évoqués sont issus d'une série de réflexions plus théoriques. Comme toujours en recherche scientifique, sans intuition, sans imagination, sans idée, aucun progrès n'est possible. A l'inverse, toute réflexion théorique qui reste éloignée des observations est sans réelle portée pour les sciences de la nature. Dans l'état actuel du développement de la volcanologie, le lien est encore trop général, trop lâche. Il faut à présent lier plus finement les deux démarches. Interpréter les sismogrammes volcaniques à l'aide des modèles théoriques de la physique des magmas, construire des modèles qui expliquent les débits de gaz, les pulsations magnétiques, etc. Ces efforts occupent aujourd'hui les chercheurs, mais un long chemin reste à parcourir...

CHAPITRE IV

Les annales historiques

Malgré l'apport décisif de la tectonique des plaques et l'explication lumineuse qu'elle nous fournit de la géographie des événements telluriques brutaux, malgré les progrès dans l'analyse physique des causes intimes qui sont à l'origine des séismes comme des éruptions volcaniques, il est bien clair que nous sommes loin d'être en état de comprendre donc de prédire avec certitude le déclenchement d'une éruption volcanique ou d'un tremblement de terre.

Entre l'échelle de temps du million d'années dans laquelle il faut situer la tectonique des plaques et celle de la dizaine de minutes ou de la seconde pendant laquelle se décide si un volcan explose ou si un séisme se déclenche, l'écart est trop grand. C'est bien normal. Supposons que les lois de la tectonique des plaques soient des lois quantitatives rigoureuses exprimées en millions d'années, la prévision d'un phénomène avec une précision du millième laisserait une incertitude de mille ans ! Une telle précision, sans doute exceptionnellement bonne pour le géologue, n'aide guère les hommes que nous sommes et ceux d'entre nous qui se préoccupent de prévoir les tremblements de terre ou les éruptions volcaniques !

D'un autre côté, l'examen de la carte séismique ou volcanique du globe ne nous renseigne guère *a priori* sur le moment où pourrait sc déclencher l'un ou l'autre des phénomènes meurtriers. La date depuis laquelle les séismes sont déterminés avec précision et les éruptions volcaniques bien documentées est trop récente pour fournir de telles indications.

Il faut donc trouver un moyen pour rapprocher les échelles de temps, celle du million d'années de celle de la vie des hommes. Quel meilleur moyen que d'avoir recours à l'histoire ? Tremblements de terre ou éruptions volcaniques ont laissé des traces dans l'histoire des hommes. Ces phénomènes ne risquent pas de passer inaperçus lorsqu'ils conduisent à la mort de centaines ou de milliers de personnes. Ils ont donc été consignés dans les archives, ils se sont inscrits dans les pierres, dans les monuments, par les dégâts qu'ils ont causés. Certes ils n'ont pas été mesurés avec les techniques et les intruments modernes, certes seuls les plus gros ont été répertoriés et encore lorsqu'ils étaient localisés dans des pays à densité élevée de population, mais n'est-ce pas la caractéristique même des archives historiques d'être parcellaires ?

Malgré leurs limitations intrinsèques, ces enquêtes historiques constituent des moyens d'étude irremplaçables pour qui veut pénétrer la logique temporelle des catastrophes telluriques.

Les anciens n'avaient ni sismographes ni appareils de mesure d'aucune sorte. Leurs observations étaient donc purement qualitatives avec sans doute en sus un brin de subjectivité. Pourtant, il est possible avec ces observations de reconstituer assez bien les événements et d'en approcher la logique.

Ainsi, en reportant sur une carte les dégâts causés par un tremblement de terre, on localise assez bien son foyer *.

* Lorsqu'il est superficiel.

Cette détermination est confirmée lorsque des observations locales mettent en évidence des mouvements récents de failles. La magnitude d'un tremblement peut être estimée par les dégâts, et les relations magnitude-intensité. La description d'une éruption volcanique permet aussi de la cataloguer dans tel ou tel type. Ainsi, il n'est pas difficile de dire que l'éruption du Vésuve qui détruisit Pompéi était une éruption explosive d'une extrême violence, ou que celle du Santorin était certainement plinienne.

Tout repose donc sur les épaules de l'historien, sa pugnacité à découvrir de bonnes sources d'information, son sérieux à les déchiffrer, à les recouper, à les compléter.

Parlons d'abord des séismes. De telles enquêtes ont été faites dès que l'on s'est préoccupé de faire des cartes de séismes. Pourtant ce n'est que depuis vingt ans que ces études sont faites systématiquement et rigoureusement avec le rôle pionnier de l'Imperial College de Londres et de Nicholas Ambraseys, dans les régions où la densité des populations rend la documentation suffisamment copieuse pour qu'elle soit à la fois fiable et représentative.

Plus l'histoire de ces régions est longue, plus intéressant est le dépouillement des annales. Plus les archives administratives sont développées et organisées, plus l'enquête sera fructueuse. Les empires bureaucratiques chinois ou romains, les religions à clergés structurés catholiques ou musulmanes ont donné naissance à la documentation la plus abondante. Pour les périodes anciennes, on fait appel à l'archéologie aussi bien qu'à l'épigraphie mais la quête devient difficile.

En pratique, deux régions ont fait l'objet d'études historiques intensives : l'Extrême-Orient, c'est-à-dire la Chine du Nord et le Japon d'une part, le bassin méditerranéen et son prolongement asiatique de l'autre. Cela limite bien sûr

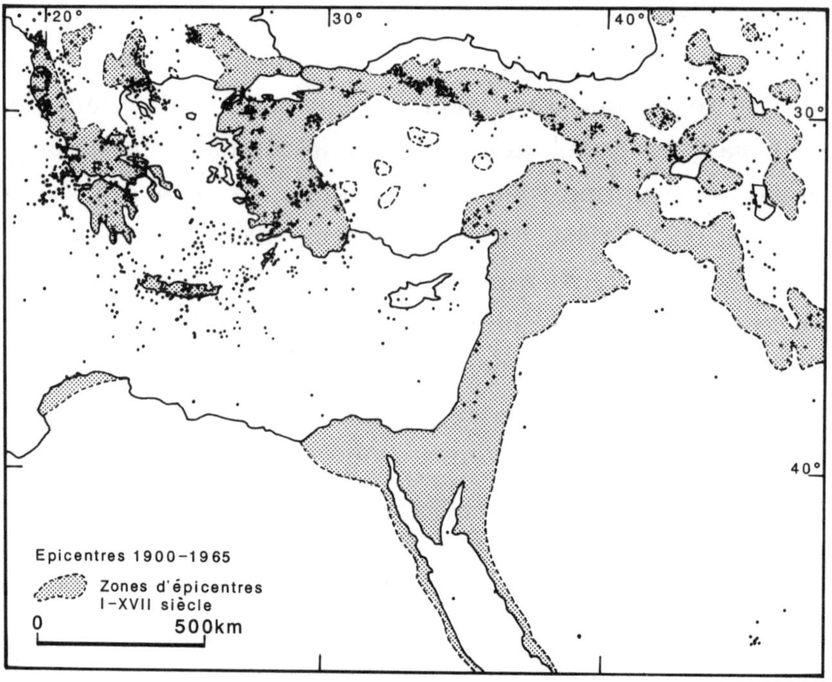

Figure 33 a. Séismicité historique en Grèce, Turquie, Iran, d'après les études d'Ambraseys et Tchalenko.

l'échantillonnage et sur des bases qui n'ont rien de géologique ! Il faut donc considérer ces études comme des études de cas ; c'est par l'analyse de détail que nous pourrons dégager des règles de portée universelle. De plus, dans le strict intérêt de la prévision et de la prévention des catastrophes, les régions étudiées étant toujours des régions à hauts risques, tous les enseignements pratiques que nous pourrons tirer des études historiques seront directement opérationnels aujourd'hui !

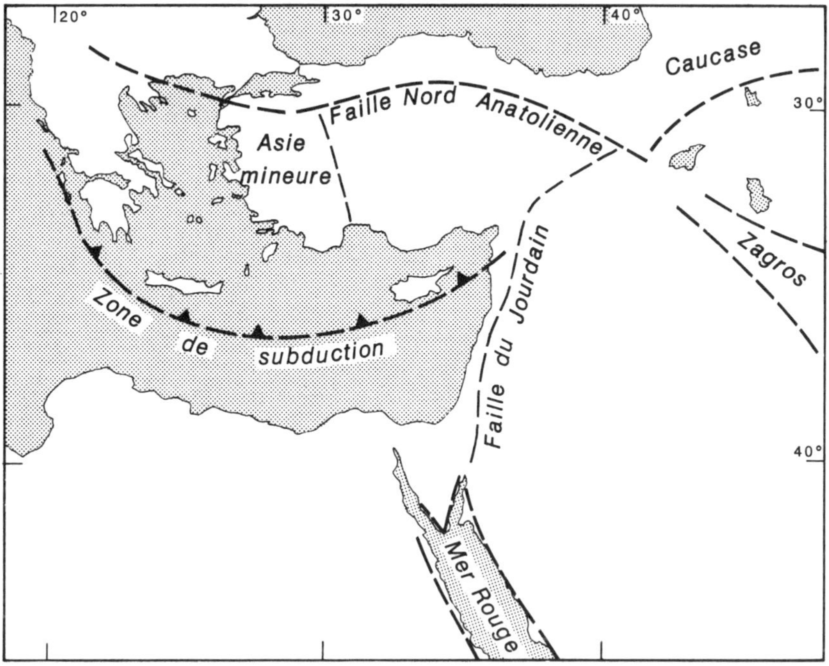

Figure 33 b. Principales structures tectoniques de la région.

Le Moyen-Orient

L'étude historique d'une région entière comme le bassin oriental méditerranéen a mis en évidence des faits scientifiques importants.

La répartition des séismes dans la région se fait bien suivant les limites de plaque, dont la géométrie est d'ailleurs particulièrement complexe. La grande faille du Jourdain, qui longe la côte du Moyen-Orient, la faille d'Anatolie qui traverse la Turquie du Nord, les chaînes du Zagros en Iran, du Caucase à la frontière soviétique, les bordures de la mer Rouge, la zone gréco-turque dans laquelle la répartition est plus dispersée.

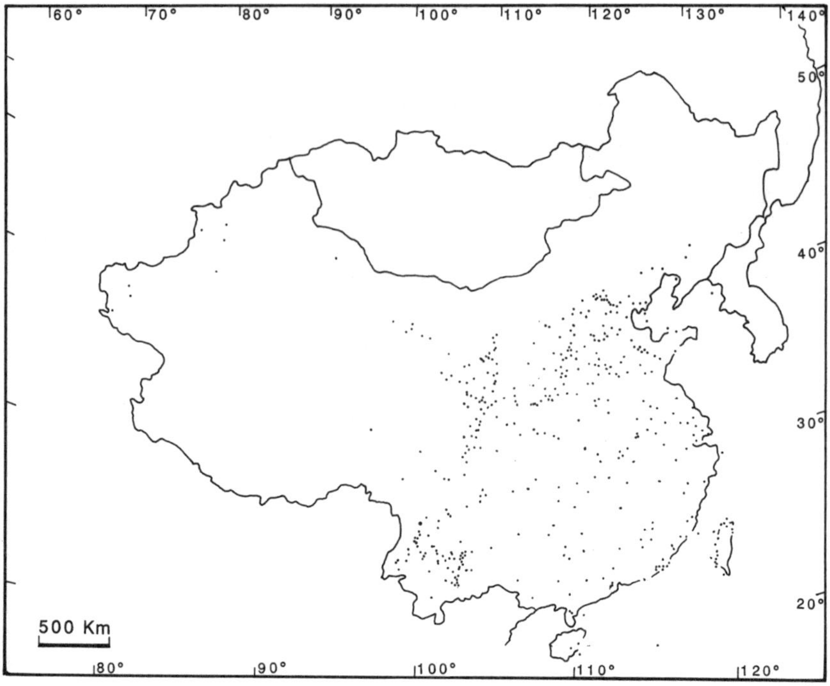

Figure 34 a. Séismicité historique de la Chine de 1177 avant J.-C. à 1903.

Certaines de ces régions ont été constamment dévastées par les séismes pendant les siècles de notre ère. Ces régions séismiquement actives au cours de l'histoire sont aussi actives aujourd'hui. Telle est bien par exemple toute la région de la Grèce.

En revanche il y a des régions qui ont connu de violents séismes historiques et qui sont tout à fait calmes aujourd'hui. Tel est le cas du sud-est de la Turquie, du centre-est de l'Iran. Shalu-Revy, aujourd'hui banlieue de Téhéran, était célèbre pour ses séismes meurtriers. Le nom grec de cette ville, *Rhagae*, signifie « lieu disloqué par un séisme », Qoumis près de Seman, Nishapour, ont été détruits en totalité et abandonnés. Pourtant cette région est aujourd'hui calme. A l'inverse une zone comme celle du

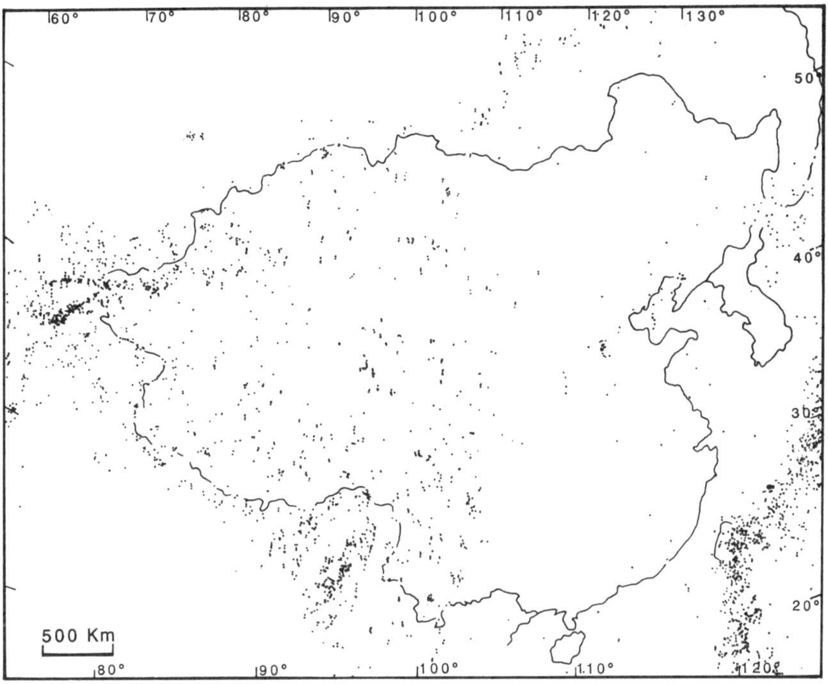

Figure 34 b. Séismicité actuelle de la Chine.

Zagros du sud de l'Iran, aujourd'hui très active, ne connaissait pas d'activité historique. A l'image du mouvement continu des plaques donné par l'observation géologique il faut substituer celle de soubresauts agissant ici et là à l'échelle de temps décrite par les méthodes historiques. Une étude plus détaillée de deux zones sismiques voisines, celle de la zone anatolienne et de la zone dite de bordure au nord du Liban, a révélé à Nicolas Ambraseys une alternance d'activité. Pendant les cinq premiers siècles du millénaire, la zone libanaise était calme alors que la zone anatolienne subissait séisme après séisme. Pendant les six siècles suivants ce fut l'inverse. Elles furent actives ensemble de 1100 à 1200, puis la zone libanaise est devenue calme alors que la faille anatolienne continuait à tuer.

La Chine et le Japon

Les annales chinoises et japonaises représentent près de trois mille ans d'enregistrements. Le système administratif chinois, si pesant par ailleurs, a permis à travers les siècles de garder une mémoire fidèle des séismes, grands et petits. Ainsi on peut savoir qu'en l'an 20 avant Jésus-Christ, comme en 1668, deux tremblements de terre aussi forts que celui de Tangshan ont eu lieu dans le nord de la Chine et qu'ils étaient localisés sur la même faille. Mais on en connaît bien davantage que ces faits sanglants qui ont forcément marqué la mémoire collective. Un catalogue a été dressé et couvre la période de 1177 avant Jésus-Christ à nos jours. Il inclut les dates, la localisation de l'épicentre et l'estimation de la magnitude. Il résulte du dépouillement de plus de 10 000 documents dont la plupart sont de véritables livres. Plus de 600 tremblements de terre importants ont pu être répertoriés et catalogués. Pourtant, malgré sa richesse, beaucoup de chercheurs pensent comme Paul Tapponnier qu'il est encore très incomplet.

Lorsqu'on compare la carte de séismicité historique de la Chine à celle de séismicité actuelle établie de manière instrumentale on constate des différences notables. La première c'est qu'aujourd'hui l'ouest de la Chine est la région la plus sismique alors que le sud-est est pratiquement asismique. La carte historique semble indiquer l'inverse. Est-ce comme dans le Moyen-Orient le signe d'une alternance ? Nullement. L'absence de « séismes historiques » dans l'ouest provient d'un effet démographique et sociologique. L'ouest n'a pas gardé de souvenirs de ses séismes car il était peu peuplé et, lorsqu'il l'était, peuplé de nomades peu portés à consigner les événements anormaux qui, sur des campements de tente, font au demeurant peu de dégâts. En revanche, l'existence de gros séismes historiques dans le sud-est constitue une information de première importance. Les séismes sont localisés sur de grandes failles quaternaires, donc pas n'importe où, et l'histoire nous apprend qu'il faut se soucier de ces régions, en particulier pour les constructions parasismiques !

La France et ses bordures

Les enquêtes historiques en Méditerranée occidentale ont été un peu moins poussées, sauf en France où Vogt a fait une étude minutieuse et détaillée qui par sa qualité se compare avec ce qu'il y a de mieux ailleurs dans le monde. Qu'apprenons-nous de ces études ? Qu'il y eut à Bâle en 1356, alors que la région était déjà dévastée par la peste noire, un séisme qui fit entre 100 et 2 000 morts selon les sources. Que le 2 février 1428 il y eut un séisme en Catalogne qui fit 15 morts en France et fut ressenti jusqu'à Montpellier. Qu'en 1564 un séisme se produisit au nord du pays niçois, détruisant plusieurs villages, et qu'il eut sans doute à son passif plusieurs centaines de morts. Deux séismes de moindre importance sont répertoriés près de Remiremont dans les Vosges en 1682, dans le Poitou en 1711, et dans la région d'Alès en 1725 et 1734. Ont laissé le souvenir le plus vivace dans la mémoire collective ceux dits de Menton en 1887 qui eut lieu en fait en Ligurie (quelques victimes) et de Lambesc en 1909

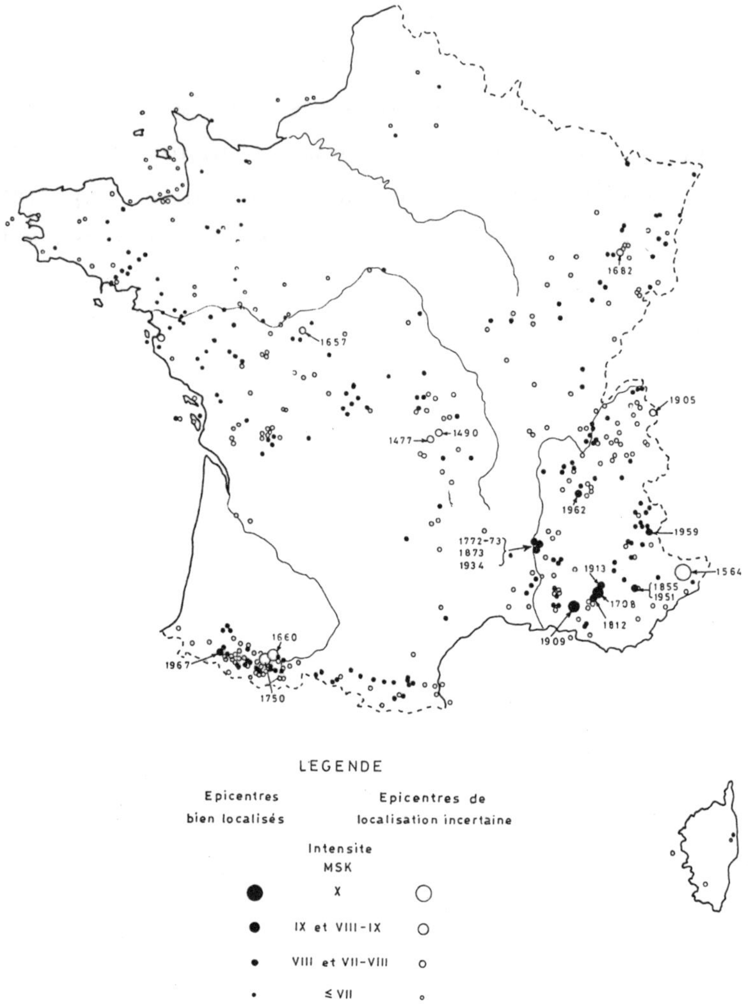

Figure 35 a. Séismicité historique de la France d'après Vogt.

près d'Aix-en-Provence (42 victimes et des dégâts immobiliers importants). C'est peu. Peu par rapport à l'Italie voisine qui fut touchée à travers les siècles par des tremblements de terre dont les victimes se comptent par milliers. Cattaro sur la côte adriatique ravagée en 1514 ; Catane le 11 janvier 1693 et ses 60 000 morts ; la Calabre encore le 11 mars 1783,

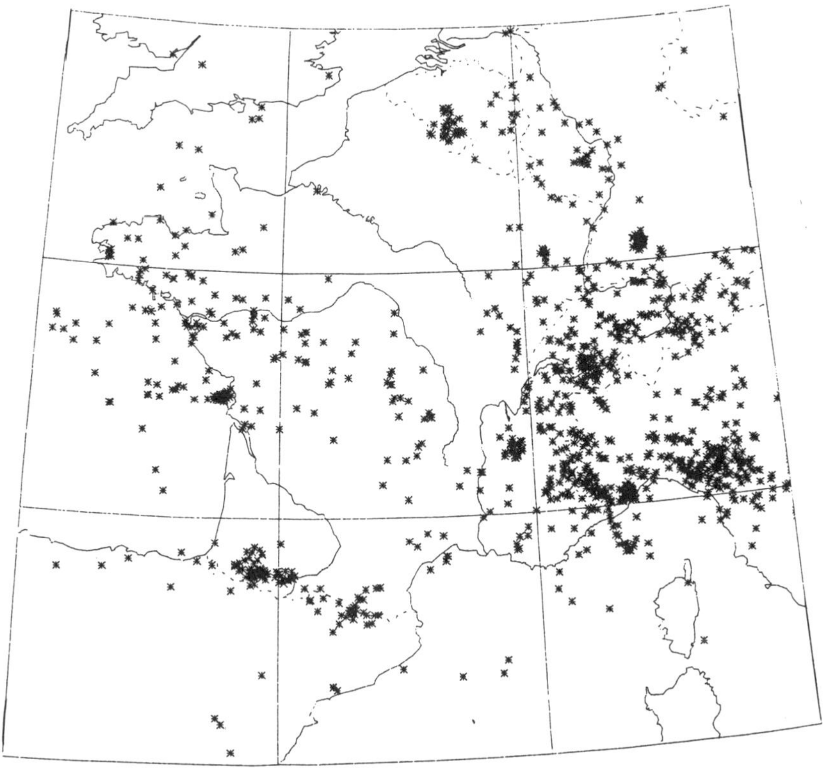

Figure 35 b. Séismicité observée de la France. (Noter que les séismes ici reportés sont petits. Sur 1 336 séismes, 1 190 sont de magnitude entre 3 et 4, 6 sont de magnitude voisine de 5,5.)

50 000 victimes ; Messine le 28 décembre 1908, 120 000 victimes ; Avezzano le 13 janvier 1915, 30 000 victimes auxquelles s'ajoutent les désastres récents du Frioul... 50 morts pour la France en quatre siècles, 400 000 pour l'Italie ! L'étude de Vogt précise par une étude statistique cette constatation. Les séismes sont en France en moyenne de magnitude 3 et n'atteignent que très rarement la magnitude 5,5. Nous sommes loin de la Chine où il existe par an au moins trois séismes de magnitude 6 ou même l'Italie ou la Grèce, où les gros séismes menacent des régions aujourd'hui

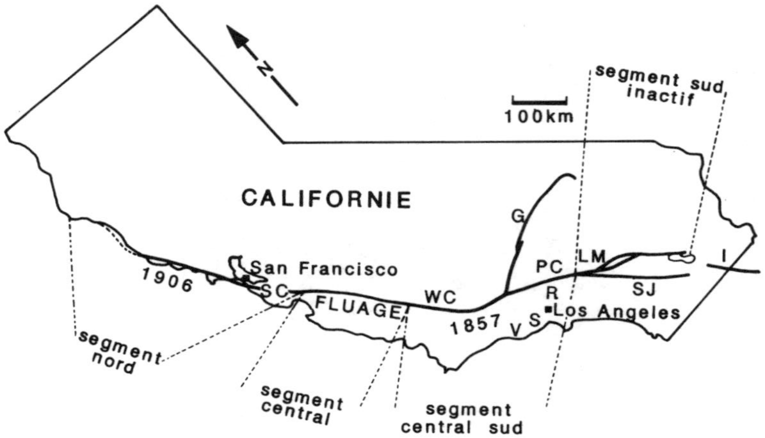

Figure 36 a. Carte de la faille de San Andreas montrant l'existence de divers segments à comportement différent.

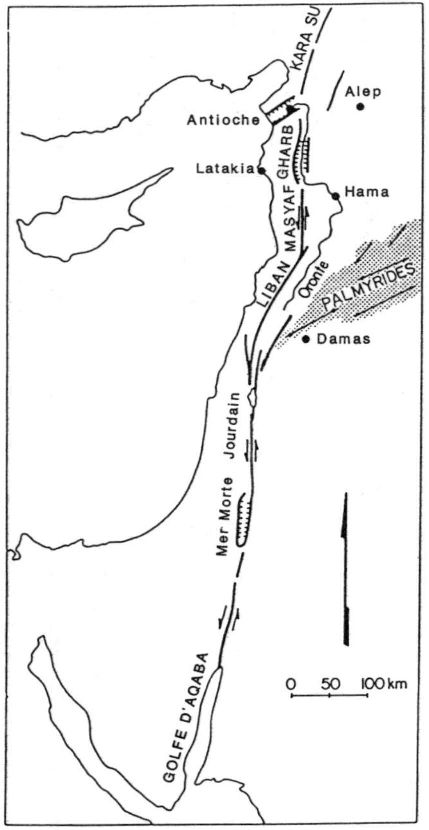

Figure 36 b. Carte simplifiée de la région mer Morte-Syrie étudiée par J.P. Poirier.

peu peuplées. L'histoire nous confirme donc ici ce que nous dit la cartographie instrumentale. La France métropolitaine n'est pas un grand pays sismique et moyennant des constructions bien faites en particulier en montagne, nous ne courons pas un risque énorme.

Les récurrences

Mais l'étude historique nous fournit plus que des informations ponctuelles, elle a permis de mettre en évidence de véritables lois sur la fréquence des séismes. Donnons un exemple extrait de l'étude de Jean-Paul Poirier et ses collaborateurs pour une région du Moyen-Orient, celle qui borde la faille du Jourdain. Il montre que, pour le nord-ouest de la Syrie, les gros tremblements de terre d'intensité supérieure à X sur l'ancienne échelle de Mercalli se sont produits en 115, 528, 859, 1139, 1822, soit avec une récurrence de 341 ± 60 ans alors que les tremblements de terre compris entre VII et X ont un intervalle de récurrence de 70 ± 50 ans.

D'après cela et sachant que le dernier tremblement de terre a eu lieu en 1822 il conclut que le risque d'un très gros séisme est faible pour plus de cent ans. En revanche, il annonce un tremblement de terre de magnitude 6 ou 7 pour un de ces jours. Nous verrons si les prédictions sont exactes.

De telles études ont été faites en divers endroits du monde. En Turquie, en Californie, en Chine, au Japon. Partout le résultat a été le même. Les très gros tremblements de terre se produisent beaucoup moins fréquemment que les petits ou les moyens. Ces observations sont à rapprocher de l'idée du rebondissement élastique de Reid pour expliquer le déclenchement de la rupture. Il faut que la tension s'accumule, que les contraintes se cumulent pour que brusquement, dépassant le seuil de rupture, elles se relâchent brutalement. Ici le seuil de rupture est faible, facilement atteint, et le mouvement des plaques se traduira vite par des tremblements de terre nombreux et fréquents, là au contraire, la matière résiste, la tension monte et ne se relâchera que lors d'un tremblement de terre violent qui expulse en une fois l'énergie accumulée pendant un ou plusieurs siècles !

Séismes et mentalités

Mais les informations sont tout aussi importantes sur le plan de l'étude des mentalités des populations. Sans nous étendre sur ce sujet qui pourrait faire l'objet de plusieurs thèses, comme Emmanuel Le Roy Ladurie en avait le projet, mentionnons trois aspects importants : la résistance à la migration, la résistance à l'évacuation provisoire, la mémoire courte. Prenons l'exemple d'Antioche. Détruite en 115 de notre ère, reconstruite, elle a été rasée à nouveau en 340 ; en 394 un nouveau tremblement de terre démolit la moitié de la ville. Reconstruite aussitôt elle est atteinte à nouveau en 396. Les autorités hésitent à rebâtir la ville. Après plusieurs années d'attente, la ville est pourtant à nouveau en pleine expansion. Cinquante ans passent, en septembre 458 nouveau séisme, 100 000 morts. La leçon a-t-elle été comprise ? Nullement, Antioche sera reconstruite périodiquement et périodiquement atteinte par des séismes en 526, 528, 581, 588, 713, 859, 972, 1404, 1872 (2 000 victimes). Petit à petit pourtant la ville réduira sa taille et son importance. Plus de mille ans pour cela !

A Tabriz, en Iran, le tremblement de terre de 1042 avait été annoncé par le maître astrologue. Bien que les séismes aient été assez fréquents à cette époque en ce lieu, personne ne prêta attention à sa prédiction. 40 000 personnes en moururent. Dans l'est de l'Iran, le séisme de 1549 fut annoncé par le cadi. Il chercha à persuader les populations de rester dans la campagne. Sans succès, lui-même, ayant froid, rentra dormir chez lui et périt avec 3 000 de ses concitoyens !

Les empereurs de Byzance ont cherché à légiférer après chaque tremblement de terre pour limiter la hauteur des maisons. Les édits ont duré de vingt à quarante ans suivant les cas. Après quoi ils furent successivement abolis. De nouveaux séismes survinrent, firent des victimes et l'on rétablit les lois... pour peu de temps.

Les annales chinoises font état de faits analogues. Il n'est donc nul besoin de faire appel à un particularisme de caractère des Levantins, ni à leur religion pour expliquer ces faits de résistance. Nous les retrouvons aujourd'hui presque semblables ! Le nord-est de la Chine, la province du Liaoning, a été la cible de tremblements de terre archaïques, anciens, modernes. Elle est demeurée à travers les siècles une province très peuplée. Celle du Yunnan au sud, traversée par la faille du fleuve Rouge, a subi les mêmes effets, sans autre conséquence. C'est pourquoi Nicholas Ambraseys explique que les tremblements de terre n'ont eu aucun rôle politique essentiel dans l'histoire. Certes, au Ve siècle, un tremblement de terre à Sparte donna aux Hilotes la possibilité de se révolter. En 978, un autre séisme marqua la fin de Siraf, un port du golfe Persique, mais il était déjà en déclin. En 1139, l'ancienne Elijavetpol, aujourd'hui Kerovabas, fut détruite par un séisme qui tua 100 000 personnes, les Géorgiens en profitèrent pour piller la ville. En 1157, les tremblements de terre de Syrie provoquèrent une trêve entre Croisés et Musulmans mais dans tout cela rien qui change véritablement le sort du monde, le développement d'une civilisation, marque le début du déclin d'un pays. Les séismes achèvent des civilisations ou des villes chancelantes, ils n'ont aucune prise sur des économies florissantes. Aujourd'hui n'est pas différent d'hier ! Les séismes ont des effets désastreux dans le Tiers Monde. Le séisme attendu à Tokyo n'affaiblira pas, quoi qu'il arrive, le dynamisme économique du Japon !

La Californie et l'« archéologie » sismique

Les exemples que nous venons d'évoquer montrent combien les études de séismicité historique sont dépendantes de l'histoire des populations, de leurs distributions, de leurs migrations, de leur mode de vie, de leur organisation ou de leur culture. Comment dans ces conditions étudier la séismicité historique dans les régions de peuplement récent ou peu peuplées ? Tel est le cas de la Californie où pourtant les Américains souhaitent obtenir les informations sur le passé pour pouvoir prédire l'avenir. Kerry Sieh, jeune professeur du Caltech, s'est attaqué à ce problème apparemment insoluble. Le long de la faille de San Andreas, des lacs se sont installés, au cours des derniers millénaires. Les lacs sont temporaires, l'un naissant ici, un autre s'asséchant là. Dans un lac se produit une sédimentation particulaire, dont l'accumulation finira par donner ce que l'on appelle des dépôts lacustres stratifiés. La variation dans la nature des apports sédimentaires, en particulier suivant les saisons, les grandes crues, les périodes sèches, se traduit dans les dépôts par un feuilletage composé de strates différentes. Mais qu'advienne dans cette zone, un séisme, il se crée une faille. Les dépôts sont alors recoupés par l'accident. Le calme revenu, de nouveaux dépôts vont se superposer à la zone accidentée. Utilisant les simples principes de stratigraphie suivant lesquels *1.* les couches se déposent, les plus jeunes surmontant les plus vieilles, *2.* un accident qui recoupe une couche est plus jeune que cette dernière, il est alors possible de « situer » stratigraphiquement le séisme après la couche A et avant la couche B. Reste à dater les couches. On le fait à l'aide par exemple du carbone 14. La mesure du rejet des failles permet par ailleurs d'estimer l'intensité du séisme. Le mérite de Kerry Sieh est d'avoir détecté sur la faille de San Andreas plusieurs zones d'anciens dépôts lacustres, d'avoir fait creuser des tranchées coupant la faille et d'avoir minutieusement appliqué les principes décrits plus haut. Ils sont simples à énoncer, mais leur application pratique demande tout le talent d'un géologue exercé.

A cette technique, s'en ajoute une autre plus complexe et moins précise qui consiste à utiliser le profil d'érosion des failles pour dater leur dernier mouvement. Appliquée à la faille de San Andreas par Wallace, cette méthode a permis de compléter le travail de Sieh. A l'aide de ces observations minutieuses, les géologues californiens ont pu montrer que la Californie avait subi plusieurs très gros séismes depuis deux mille ans. Le dernier en date remonte à 1857. Ces séismes se produisent tous les 200 ± 90 ans environ. Dans l'intervalle il se produit des séismes moins puissants comme ceux de 1906 à San Francisco ou 1971 à San Fernando. Tout indique donc que dans les trente prochaines années il devrait se produire un séisme majeur en Californie. Mais les études de la faille indiquent plus que cela. Si l'on reporte toutes les informations sur une carte, on peut diviser la faille en quatre zones, quatre segments. Un segment nord sur lequel s'est localisé le séisme de 1906, un segment central qui ne se manifeste que par des petits séismes et semble donc accommoder ces contraintes par petites saccades, un segment sud sur lequel s'est situé le gros séisme de 1857, et enfin un segment extrême sud dont on ne connaît aucune manifestation historique mais qui a été le théâtre d'un gros séisme il y a trois cents ans. On retrouve ici la représentation par morceaux *(Patch)* que nous avons déjà signalée pour les failles de plus petites dimensions.

La théorie des « gaps »

L'idée que les gros séismes sont moins fréquents que les petits a conduit le Soviétique Fedotov puis le Japonais Mogi à chercher à localiser dans une région sismique donnée les zones où il se produit peu de séismes moyens ou intermédiaires. L'histoire nous apprend que, dans beaucoup de ces zones de silence, de gros tremblements de terre ont eu lieu. A partir de là on peut étendre ces observations et considérer comme zones à risques les endroits où, à l'intérieur d'une région sismique, l'activité d'intensité moyenne est faible.

Il a pourtant fallu attendre l'avènement de la tectonique des plaques et les travaux de l'équipe de Lynn Sykes au Lamont Geological Obervatory de New York pour bien comprendre les fondements de la théorie des gaps ou lacunes sismiques et surtout pour l'utiliser pleinement.

Supposons deux plaques dont les mouvements relatifs sont de 10 centimètres par an. Les tremblements de terre correspondent à des déplacements de 1 à 20 mètres. Si les déplacements sont de 1 mètre, il se produira des tremblements de terre de magnitude 6,5 environ tous les dix ans. En revanche, les tremblements de terre de 20 mètres de rejet, correspondant à une magnitude de 8,5, ne se produisent que tous les deux siècles. A partir de ce principe simple on peut passer en revue les zones de frontières de plaques, calculer dans chaque cas les taux de déplacements cumulés, délimiter les zones où se produisent fréquemment des tremblements de terre de magnitude 6 ou 7 et donc identifier les zones adjacentes « calmes ». Relativement calmes, car c'est là que les gros désastres vont se produire. Ainsi c'est la zone sud de la faille de San Andreas qui paraît la plus menacée. La conviction est renforcée si de gros séismes se sont produits dans ces zones il y a plus d'un siècle.

Sykes et ses élèves ont alors défini des zones à très hauts risques, où le silence sismique excède trente ans mais est inférieur au siècle, et les zones moins menacées. Leur travail minutieux a tenu compte de beaucoup de paramètres locaux sur la géométrie des plaques et d'informations historiques lorsque ces dernières étaient accessibles. On attache beaucoup d'importance à ces recherches car les prévisions de Sykes ont été vérifiées sept fois, en Amérique du Sud, au Mexique, en Alaska, au nord du Japon. La plus spectaculaire de ces prévisions est sans conteste le tremblement de terre de Oxaca au Mexique (1979), pour lequel des précautions spéciales avaient été prises, ce qui a permis de minimiser les dégâts et d'accumuler une moisson de résultats scientifiques. Les zones de hauts risques sont actuellement situées à Sumatra, au Japon, au sud du Pérou, au Venezuela, en Californie du Sud et en Guadeloupe. Ou à Pointe-à-Pitre déjà

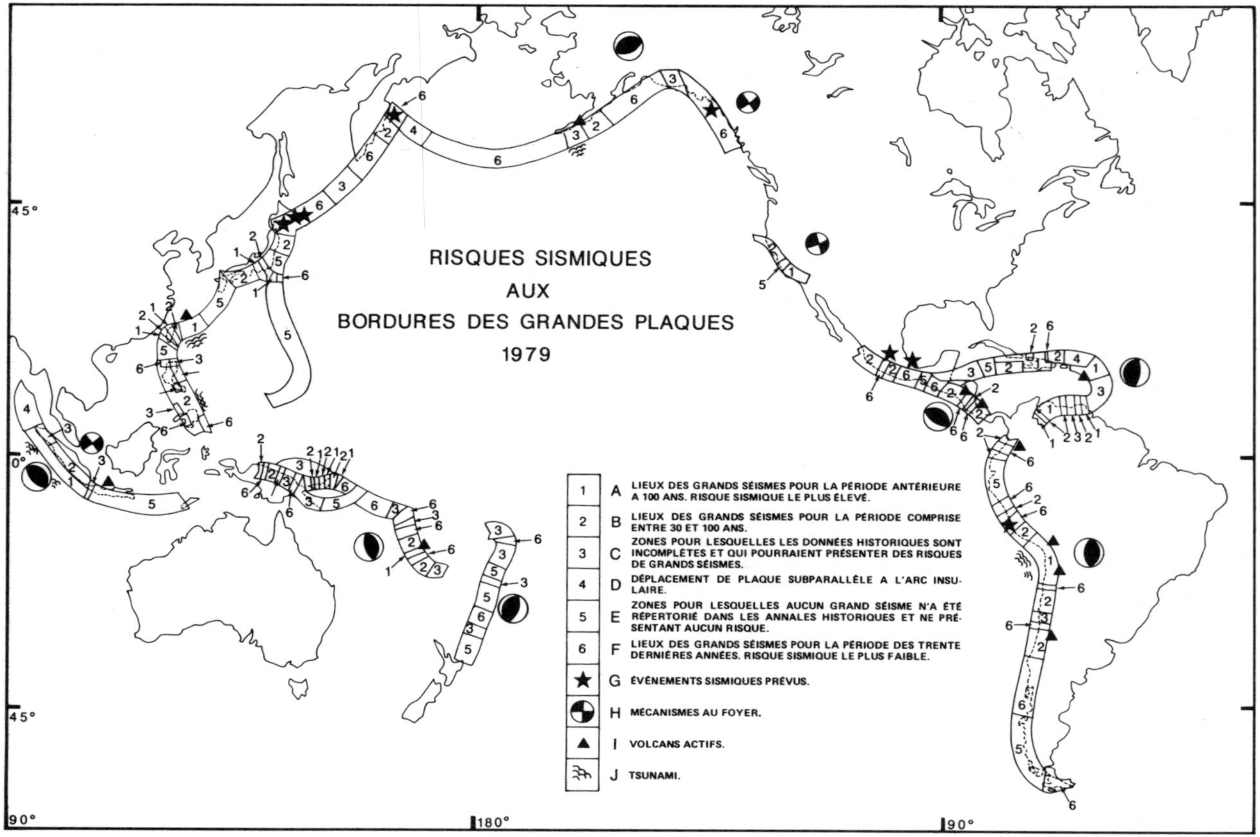

Figure 37. Carte du danger sismique mondial établie d'après la théorie des gaps par Sykes et son équipe. Les zones en noir sont celles en grand danger.

ravagée il y a plus d'un siècle, où un nouveau séisme menace la ville, où l'Institut de physique du globe de Paris a installé un réseau de surveillance..., mais où par ailleurs on ne fait rien pour éduquer les populations, préparer un plan efficace d'urbanisme et éviter le désastre futur. Si nous, Français de métropole, nous nous interrogeons sur l'éventualité d'un tremblement de terre sur la Côte d'Azur, ne faut-il pas aussi se préoccuper avec une ardeur cent fois supérieure de ce qui va se passer à Pointe-à-Pitre ?

La banque volcanique de la Smithsonian

Les données historiques sur l'activité volcanique ont pendant longtemps été beaucoup plus éparses que celles concernant les séismes. Certes on connaissait bien les éruptions du Vésuve ou de l'Etna, on connaissait l'histoire de Santorin et la « disparition des Atlantes » de Platon, on savait aussi qu'en 1562, à Breinau sur le Rhin, avait eu lieu la dernière éruption volcanique interne au continent européen, mais tout cela restait anecdotique et peu susceptible de fonder des recherches scientifiques sérieuses, malgré des efforts comme ceux de l'Allemand Sappes ou de la société géologique du Japon.

A partir de 1971, la Smithsonian Institution de Washington entreprit de réaliser une banque de données stockée sur ordinateur et comportant toutes les informations historiques connues sur le volcanisme. Elle contient aujourd'hui des informations sur 5 564 éruptions. Les résultats sont d'une importance exceptionnelle tant pour la volcanologie au sens théorique du terme que pour la prévision des catastrophes.

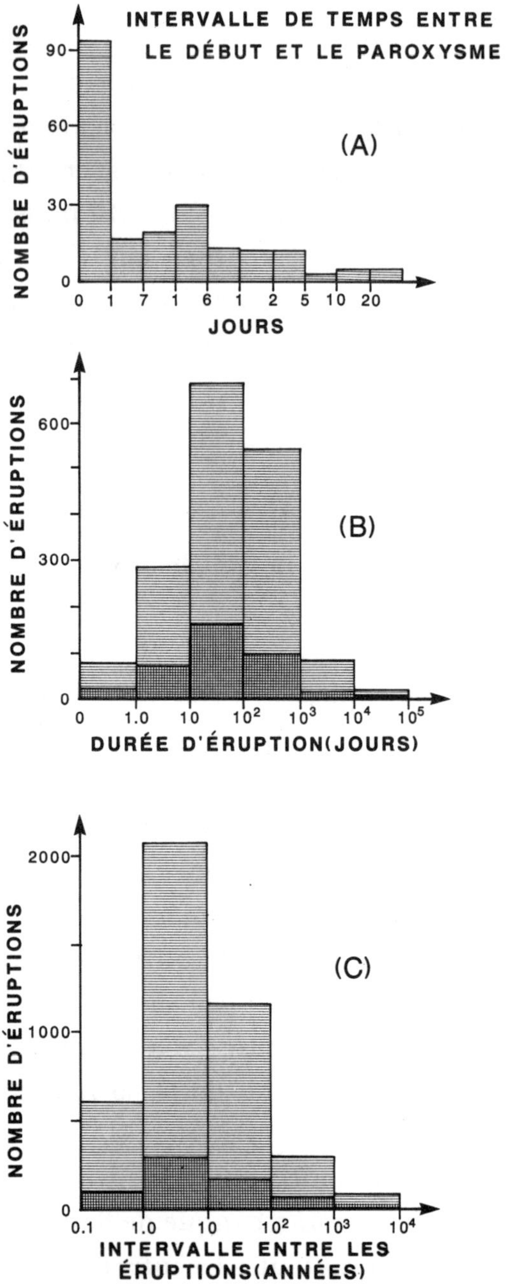

Figure 38. Trois histogrammes extraits de la banque de la Smithsonian relatifs aux éruptions volcaniques.

a. Intervalle de temps entre le début d'une éruption et le paroxysme.

b. Durée d'une éruption.

c. Intervalle de temps entre les éruptions.

Combien dure une éruption volcanique en moyenne ? Pour les zones de subduction, la durée moyenne est de deux mois. Pour les volcans situés hors de ces zones elle n'est que d'un mois. Il ne s'agit que de moyennes. Certaines ne durent que quelques dizaines de minutes, d'autres des années. Quand a lieu le paroxysme d'une éruption ? La réponse est importante pour les éruptions explosives. Dans 45 % des cas, le paroxysme a lieu au cours du premier jour, la moitié de ces éruptions, soit 23 %, ont même eu leur paroxysme dans la première heure. Parmi ces dernières, citons Tarawera 1886, Bandaï-San 1888, Hekla 1947, Shiveluch 1954, Soufrière de Saint-Vincent 1979, Usu 1977. Que dire alors de celui qui affirmait en 1976 que le début d'une éruption n'était pas important, que seule l'évolution comptait et qui par cette affirmation dénigrait l'importance des observatoires volcanologiques ? L'ignorance dans un tel cas peut-elle être seulement sanctionnée par un bonnet d'âne ? Il ne faudrait pas pour autant déduire que le premier moment passé, le risque a disparu. L'histoire est pleine d'exemples qui contredisent la règle. Le Tambora en Indonésie qui tua en 1815 100 000 personnes eut son éruption cataclysmale trois jours après son réveil. Le Krakatoa (1883) ou le mont Saint-Helens (1980) mirent plus d'un mois avant d'atteindre leur maximum éruptif. Quel est l'intervalle entre deux éruptions ? Cet intervalle de récurrence qui nous a si bien servi en séismologie a-t-il un sens pour les éruptions volcaniques ? L'intervalle moyen est de cinq ans, mais ceci a peu de signification pratique parce que les intervalles mesurés varient considérablement. Il faut reprendre le problème avec plus de soin.

En classant les éruptions par indice d'explosivité, on constate que plus l'intervalle séparant deux éruptions est grand, plus l'éruption est violente. Les vingt-cinq éruptions les plus violentes de l'histoire ont été séparées par des intervalles de dormance de huit cents ans ou plus (dix-sept d'entre elles étaient les premières éruptions historiques du volcan). Méfions-nous donc des volcans endormis. Doit-on en conclure qu'il y a danger pour Clermont-Ferrand ? que la chaîne des Puys va se réveiller demain et que notre paisible Massif central va être transformé en champ de ruine ? Probablement pas. Pourquoi ? D'abord parce que ces sommeils de longue durée, avec réveils dévastateurs, concernent essentiellement des volcans des zones de subduction. Hors des zones de subduction, les assoupissements ne semblent guère dépasser mille ou mille cinq cents ans. Or les plus récentes éruptions du Massif central datent de cinq mille ans * environ. Cinq mille ans c'est bien long, mais deux précautions valent mieux qu'une.

Sachant qu'aucun volcan ne se réveille sans donner quelque alarme sismique, ces volcans font l'objet d'une surveillance attentive. Clermontois, dormez tranquilles. Il ne viendra sans doute rien et si par malheur quelque chose survenait, l'Institut de physique du globe du Puy-de-Dôme vous préviendrait.

Le cas des volcans à histoire longue

Comme nous venons de le voir, pour certains volcans les intervalles éruptifs sont du millénaire ou plus. Ces volcans sont en majorité localisés dans des zones où la civilisation

* Une datation douteuse l'avait d'abord placée aux alentours de la période de Jésus-Christ. Les historiens affirmèrent que cette datation était d'après eux impossible. Comment la mémoire collective aurait-elle oublié un événement pareil ? Une éruption au milieu de la Gaule résistante ou conquise qui n'aurait pas été transcrite par quelque écrivain romain ? Quelques années plus tard de nouvelles mesures établirent que cinq mille ans nous séparent de la dernière éruption.

organisée est récente. C'est le cas de la Guadeloupe, de la Soufrière, de l'Indonésie ou du Japon.

L'accès aux annales historiques passe donc comme pour les séismes californiens par l'étude des volcans à l'aide des méthodes géologiques. On cartographie les dépôts, on les identifie, on les date et, à partir de là, on peut reconstituer le dynamisme de l'éruption. Les coupes géologiques faites sur les flancs du volcan permettent d'accéder aux archives géologiques de plus en plus profondes, donc de plus en plus

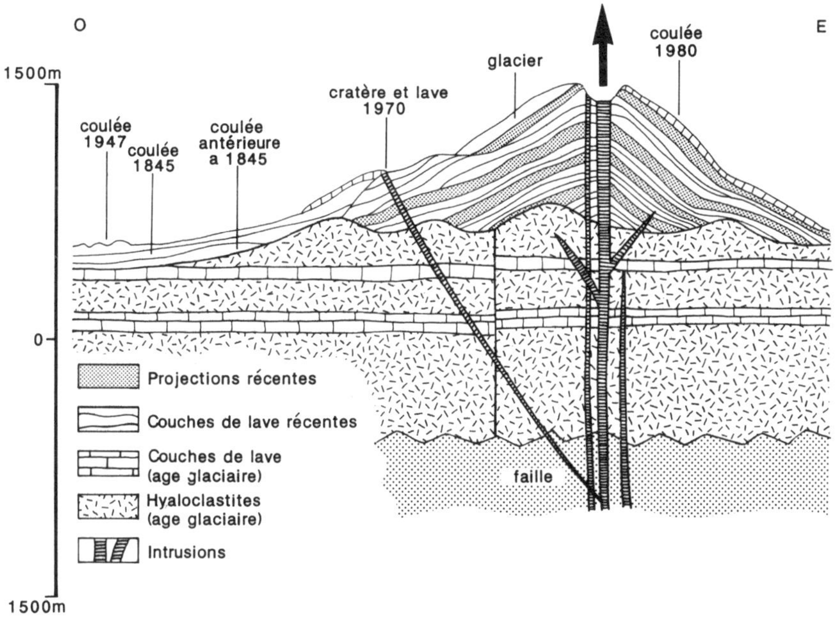

Figure 39. Étude de l'activité historique du volcan Hekla en Islande à l'aide de la méthode géologique.

vieilles. Les datations par le carbone 14 ou les radioéléments à vie courte permettent de situer chaque épisode éruptif dans le temps. On peut alors reconstituer l'histoire récente du volcan. Cette méthode est utilisée depuis de longues années en Islande, ou en Italie, mais les progrès de la chronologie par les méthodes radioactives lui a permis d'aborder la question des intervalles de récurrence, des séquences d'événements dans un cadre quantitatif qui lui était jusque-là fermé.

Ces études sont longues et difficiles mais précieuses, car elles nous renseignent sur les habitudes des volcans les plus dangereux. Il faut les encourager et les multiplier.

La typologie volcanique

Nous avons interrogé la banque, globalement, pour avoir des tendances, des résultats globaux, bref des statistiques. On peut aussi l'utiliser avec plus de précautions, en dépouillant les informations volcan par volcan.

A l'examen global, s'oppose ici l'étude de cas, à la recherche de lois unitaires se substitue celle de la diversité naturelle. C'est à cette tâche que s'est attelé le Suédois Wickman alors que le catalogue mondial était en cours de confection. Il cherchait à définir pour chaque volcan des règles de comportement, puis à comprendre quels pouvaient être les déterminants essentiels. Pour cela il définit les divers états dans lesquels un appareil volcanique peut se trouver. Éruption violente, dormance, lacs de lave, éruption somnolente. Il a cherché à mettre en évidence les séquences de comportement. Pour cela il a étudié en détail le comportement de vingt-cinq volcans. Un nombre important de ces volcans ont des comportements simples. Ou ils sont en éruption, ou ils n'y sont pas. Certains volcans dorment vingt mois en moyenne comme le Lamington en Nouvelle-Guinée, d'autres mille mois comme le Miyake Sima du Japon.

D'autres ont des comportements plus complexes comme l'Hekla en Islande pour lequel deux cycles se superposent. L'un long avec des intervalles de dormance de six cents ans, des périodes d'activité de cinq cents ans. L'activité se répartissant elle-même suivant des cycles dont la durée est de la dizaine d'années, l'occurrence des paroxysmes est elle-même très variable. Souvent les premières manifestations sont les plus dangereuses, nous l'avons dit. Mais il arrive aussi que le volcan s'anime *crescendo* et qu'un feu d'artifice puissant termine un cycle. Il est alors suivi d'une période de calme. Tel est le cas du Vésuve, tel est peut-être le cas de l'Asama au Japon.

Bien qu'incomplètes, les études de Wickman constituent une voie d'avenir prometteuse pour caractériser chaque volcan. Mais plus encore, elles ouvrent la voie à l'étude des mécanismes intimes. Ceux qui n'ont qu'une période seraient les volcans n'ayant qu'une poche magmatique alimentée. La période correspondrait à des caractéristiques du réservoir magmatique. Ceux qui ont une pseudo-périodicité, ou des évolutions complexes, seraient ceux sous lesquels existent plusieurs poches. On voit que des efforts *a priori* éloignés pourraient trouver dans l'avenir une unité.

Éruptions volcaniques et tectonique des plaques

Le déterminisme des éruptions n'est pas superficiel. Il relève de forces plus profondes : enfoncement des plaques ou évolution des points chauds.

Pourquoi ne pas tenter pour le volcanisme ce qui a si bien réussi pour les séismes avec la théorie des gaps ? Mettre les informations historiques en rapport avec ce que l'on sait du mouvement des plaques. Une telle cartographie historique fait apparaître là encore l'existence de lacunes. Dans une ceinture volcanique comme la cordillère des Andes certaines zones sont sans volcans, le sud du Pérou, le nord du Chili. Est-ce l'indice d'un danger possible ?

Dans ce cas nullement. Ces « gaps » s'interprètent par le fait que la zone de subduction est anormale. Peut-être la plaque qui s'enfonce ne fond-elle pas ? Ou bien si elle fond, les magmas qui en sont issus ne parviennent-ils pas à atteindre la surface ? Paradoxalement ces gaps volcaniques ont peut-être une signification plus importante pour les sismologues que pour les volcanologues. Plus intéressante est l'étude qui cherche à lier, pour chaque zone de subduction, la densité géographique des volcans et leur fréquence d'éruption. Si l'on élimine les zones où les statistiques historiques sont très incomplètes, il semble bien que fréquence d'éruption et densité de volcan par kilomètre augmentent et diminuent ensemble. Tout se passe comme si, dans certaines zones, la capacité en magma s'exprimait à la fois dans le temps et dans l'espace. D'après Wadge il existerait une liaison nette entre la quantité totale de magma émis dans une zone de subduction et le taux d'enfoncement des plaques. Si cette relation était confimée il y aurait là une voie extrêmement importante. Le déterminisme semble encore complexe, mais les progrès sont si rapides dans ce domaine que la découverte de lois phénoménologiques peut être comme ailleurs un pas décisif.

La conclusion de ce chapitre s'impose d'elle-même. Des études historiques on peut déduire les rythmes, les pulsions, les comportements des zones actives du globe aussi bien pour leurs manifestations sismiques que volcaniques. La vision historique nous permet d'observer la dynamique du globe à une échelle de temps qui n'est ni celle des millions d'années du géologue ni celle des jours et mois du géophysicien.

L'accumulation des tensions ou des pressions telluriques se relâche vite ici, lentement là. A cette échelle de temps chaque zone, chaque région a ses caractères propres, les liens avec ses frontières sont aussi spécifiques. Autour de phénomènes communs simples, leurs combinaisons font naître l'infinie variété qui est la caractéristique de la nature, les échelles de temps variées en donnent des représentations multiples. A partir de là, à nous d'en découvrir les clefs, les phénomènes fondamentaux, les mécanismes. L'histoire est un auxiliaire précieux dans cette quête ; sans instruments coûteux, sans alpinisme, mais avec obstination et sérieux, elle nous offre l'irremplaçable perspective donnée par ses échelles de temps.

CHAPITRE V

Prédire les catastrophes

Dans les sciences de la nature, il existe deux manières de faire « scientifiquement » des prédictions. La manière théorique et la manière empirique, la manière déductive et la manière pratique, celle de l'astronome et celle du médecin. Bâtir une théorie quantitative, précise, déterministe, être capable de prédire l'avenir à partir de l'observation du présent et du passé est devenu la quête de tous les scientifiques. Les lois de la mécanique céleste en sont l'archétype. Depuis Newton et quelques autres, les astronomes prévoient exactement l'état du ciel, comme on prévoit les mouvements d'horlogerie, la position de Vénus comme celle de la comète de Halley. Mais on peut être plus modeste et plus pratique. A partir d'une série d'observations systématiques, accumulées au cours du temps, on cherche à faire apparaître des régularités, des cycles, des transitions temporelles, des corrélations multiples. A partir d'études de cas limités, mais analysés en détail, on cherche à approfondir les « idées » induites par l'étude statistique. Ainsi opèrent les médecins. Combien de maladies ont-elles été guéries avant même qu'on en connaisse les causes intimes ? Pasteur lui-même avait-il compris le rôle des virus lorsqu'il vaccina le petit Joseph Meister ? Les guérisons de cancer existent alors qu'on n'a toujours pas compris la cause de ce fléau.

Dans le cas des tremblements de terre et des éruptions volcaniques, les scientifiques cherchent à utiliser les deux approches, et dans une certaine mesure à les combiner, les interféconder. Il existe pourtant dans cette voie d'approche une dissymétrie factuelle profonde entre tremblements de terre et éruptions volcaniques. Les tremblements de terre sont nombreux, plusieurs milliers chaque année. Ils peuvent être répertoriés, localisés, étudiés à distance à partir de quelques observatoires régionaux ou mondiaux. L'approche statistique est donc tout à fait justifiée.

A l'inverse, les éruptions volcaniques importantes sont rares. Deux à trois, dix parfois par an. Leur étude demande une présence physique sur le terrain et des observatoires bien équipés, installés sur le volcan lui-même. Or les observatoires volcaniques sont peu nombreux. Les études de cas sont peu nombreuses. L'approche statistique est donc forcément limitée. Imaginez une recherche médicale cherchant à guérir la grippe à partir de l'observation de vingt-cinq patients !

A cette dissymétrie de situation *a priori* nettement favorable à l'étude des séismes, s'ajoute le fait que le phénomène sismique est théoriquement plus simple que les mécanismes mis en jeu lors d'une éruption volcanique. La prédiction des séismes est dont *a priori* plus aisée que celle des éruptions volcaniques.

Prévoir les tremblements de terre

La prévision des tremblements de terre est un vieux sujet très moderne. Déjà en Chine pendant les dynasties Han,

Song ou Tang, les empereurs demandaient à leurs astrologues-astronomes de prédire les grands tremblements de terre qui, selon la croyance populaire, exprimaient la colère de Dieu contre l'empereur. Les annales notent d'ailleurs que la mort de plusieurs empereurs a suivi de quelques mois les gros tremblements de terre. Ce n'est pas un hasard, prétendent aujourd'hui encore certains Chinois, si le meurtrier tremblement de terre de Tangshan, le 27 juin 1976, a précédé de peu la mort de Mao (septembre 1976).

Depuis près de quinze ans, la prévision des tremblements de terre, avec la mise en œuvre de tous les moyens de la science moderne, est devenue un sujet sur lequel s'est concentrée une grande activité. Cela s'explique d'abord par le fait que de grands pays à capacité scientifique importante sont menacés par les séismes. C'est le cas du Japon, de la Chine, des États-Unis pour sa région ouest, de l'Union soviétique pour ses parties asiatiques. On comprend que les gouvernements de ces pays incitent les scientifiques à se préoccuper de ces problèmes, mais cela s'explique aussi par des raisons « internes » à la communauté scientifique. Les progrès faits en science de la Terre depuis vingt ans sont si rapides et substantiels que les scientifiques de ce secteur se sont sentis armés pour s'attaquer à ce formidable défi. Disons tout net que ces efforts n'ont eu jusqu'à présent que peu de succès. On ne sait pas prévoir d'une manière sûre les tremblements de terre !

Ce n'est pas faute d'avoir cru à plusieurs reprises que l'on touchait au but. Ce n'est pas faute non plus d'avoir prédit quelques événements. Mais chaque fois il a fallu déchanter.

Nous distinguerons dans ces efforts trois phases importantes qui correspondent chacune à des succès et aussi à des déceptions.

L'analyse des précurseurs

En matière de prévision par l'observation des précurseurs, l'exemple souvent cité est celui d'Oroville en Californie. Dans une région située non loin d'un barrage qui borde le lac Oroville, les sismographes enregistrèrent une série de petits séismes et quelques séismes de magnitude 4,7. Le nombre de ces essaims de séismes semblant augmenter, les sismologues prédirent qu'un séisme plus important allait se produire. Il se produisit effectivement un séisme de magnitude 5,7 le 1er août 1975, quelques jours après l'augmentation irrégulière de la séismicité locale.

D'une manière analogue les séismologues italiens ont pu, après le séisme du Frioul, prévenir une seconde catastrophe en notant quelques mois plus tard une augmentation du rythme des miniséismes. L'évacuation décidée était judicieuse car un second séisme se produisit. Nous verrons aussi que divers séismes chinois ont été précédés d'une activité sismique importante.

Toutefois les annales sismiques montrent que d'autres événements tout aussi meurtriers n'ont pas été annoncés d'une manière claire dans la séismicité locale. Nous avons vu que les études historiques ont montré que dans beaucoup de cas les gros séismes étaient précédés par une période de calme complet. L'augmentation soudaine dans une région donnée du nombre de petits séismes est un indice qu'il faut prendre au sérieux. L'absence d'activité ne garantit rien.

La dilatance

La seconde grande période d'espoir a été celle de la théorie dite de la dilatance. Avec cette théorie, on a vraiment cru, vers les années 1980, que l'on disposait d'une méthode qui allait permettre la prédiction certaine d'un tremblement de terre.

L'idée de dilatance vient des expériences de laboratoire au cours desquelles on casse des roches. En observant avec soin ce qui se passe un peu avant la rupture, on constate comme l'a fait Sir Charles Frank que la roche augmente un peu de volume. Analysant le phénomène, Amos Nur et Bill Brace travaillant alors au MIT constatèrent qu'ici et là des fissures s'ouvraient à l'intérieur de la roche, provoquant cette augmentation de volume. Le phénomène se traduit naturellement dans diverses propriétés physiques que l'on peut mesurer dans la roche soumise à contraintes et notamment dans l'atténuation des ondes sismiques et dans leur vitesse de propagation. La « dilatation » de la roche ralentit et atténue les ondes sismiques. La conductibilité électrique augmente tout comme la perméabilité de la roche.

Ces observations de laboratoire ont été généralisées sous le nom de théorie de la *dilatance.* Outre qu'elle synthétisait sur des bases physiques les expériences de rupture cette théorie fournissait une explication « logique » à une série d'observations sismologiques faites en divers endroits avant des tremblements de terre.

Par exemple en 1964 à Niigata au Japon, le tremblement de terre de magnitude 7,4, gros tremblement donc, avait été précédé de changements de l'altitude des lignes de rivage de

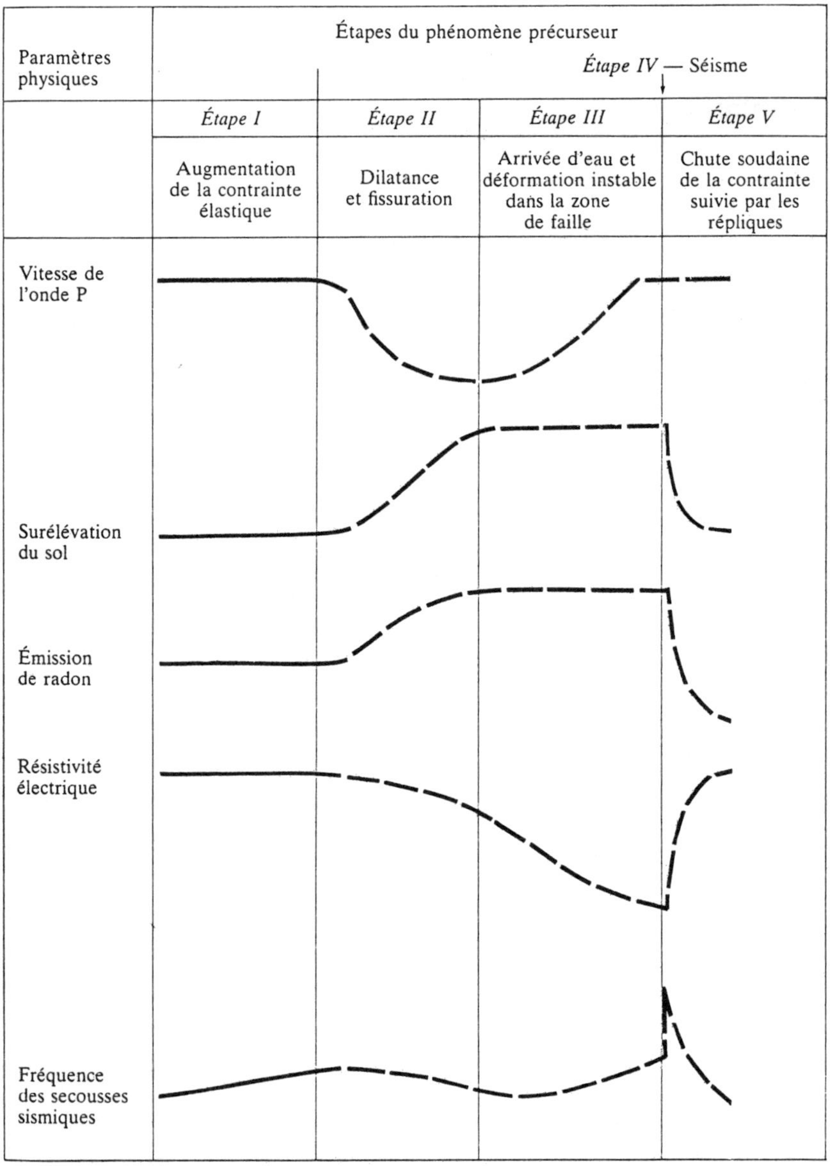

Figure 40 a. Ce schéma a été établi en 1976 par l'Académie des sciences des États-Unis pour résumer les phénomènes qui pouvaient être utilisés pour la prévision sismique. Notons qu'à cette époque les auteurs de ce graphique étaient sous le « charme » de la dilatance.

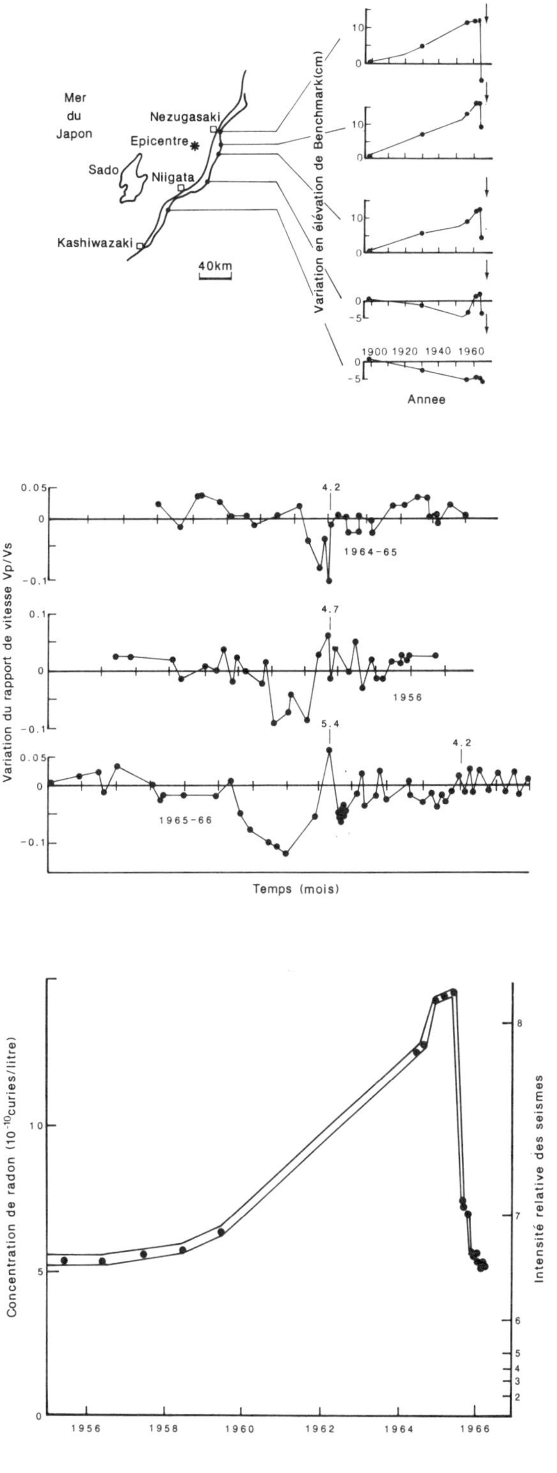

Figure 40 b. Voici trois exemples des succès des diverses techniques évoquées dans le document précédent. En haut l'étude du surélévement du sol avant le grand séisme de Nigata au Japon ; en bas une étude soviétique montrant les fluctuations du radon ; au milieu les études du rapport V_p/V_s faits dans l'Est des États-Unis.

près de 10 centimètres. En 1962, dans le Tadjikistan, des mesures sismiques systématiques avaient montré que la vitesse des ondes P avait chuté de 10 à 15 % avant le séisme. Cette observation avait été confirmée en d'autres endroits d'URSS. Elle correspondait assez bien aux résultats de laboratoire de Nur et Brace. Les Soviétiques affirmaient par ailleurs que juste avant un séisme la teneur en radon (gaz rare produit par la désintégration de l'uranium contenu naturellement dans les roches) augmentait. Comme si la dilatance de la roche avait libéré ce gaz prisonnier dans les minéraux contenant de l'uranium.

A partir de là, un programme vigoureux a été développé aux États-Unis où deux équipes se sont livrées une compétition spectaculaire : l'équipe californienne du Caltech autour du chercheur Witcomb et l'équipe du Lamont Observatory à New York autour du chercheur Aggarwal. Les deux équipes établirent indépendamment qu'avant un séisme, et conformément aux expériences de laboratoire de Nur et Brace, le rapport des vitesses des ondes P et S varie notablement. C'est la méthode dite (VP-VS). A l'aide de cette méthode les New-Yorkais prédirent correctement divers séismes moyens localisés dans les Adirondacks, tandis que les Californiens en prédisaient d'autres, toujours assez faibles, le long de la faille de San Andreas. On crut alors détenir la clef de l'énigme. Les recherches s'intensifièrent, les déclarations à la presse se multiplièrent. Une coopération internationale s'engagea entre États-Unis et Union soviétique, on pensait qu'on allait bientôt aboutir, on l'annonça même...

Pourtant, il faut se rendre à l'évidence, la méthode VP-VS « marche » dans un certain nombre de cas incontestables, mais elle a « manqué » un certain nombre de tremblements de terre tout aussi importants. En particulier au Mexique où les Californiens coopèrent avec le très actif service de sismologie de l'Institut de géophysique de Mexico. Les études électriques et de détection de radon menées le long de la faille de San Andrea depuis 1970 n'ont donné aucun relais sérieux à la détection sismique défaillante ! La dilatance est utile. Elle n'est pas la panacée. L'espoir s'envola aussi vite qu'il était venu.

« La » méthode chinoise

C'est à cette époque que se répandit dans le monde sismologique « la grande nouvelle ». « Les Chinois avaient prévu le 4 février 1975 à Haicheng dans la province du Liaoning au nord-est de Pékin un tremblement de terre de magnitude 7,3. » Alors que ce séisme avait été d'une exceptionnelle violence, détruisant pratiquement la ville de Haicheng, le nombre de morts était très réduit, dans une région qui comptait pourtant 3 millions d'habitants ! Les autorités chinoises avaient en effet pris la décision d'évacuer la ville le 8 février, la veille ! Sur quels indices une telle décision avait-elle été prise ? Telle était la question que toute la communauté scientifique intéressée par les tremblements de terre se posait en ce début de l'année 1975. Des missions étaient dépêchées en Chine, américaines bien sûr mais aussi japonaises. Elles revenaient en Occident à la fois convaincues du succès de l'évacuation de Haicheng, intéressées par la masse d'observations faites par les Chinois et un peu sceptiques quant à la méthodologie scientifique employée. Il faut se souvenir que la Chine en est à la fin de la révolution culturelle.

Les succès de la prédiction sismique chinoise sont présentés comme l'archétype d'une nouvelle philosophie scientifique. Toute la population participe en effet à la prédiction sismique. Des séismologues certes, mais aussi de simples paysans, des instituteurs, des cadres du parti groupés en brigades qui ont pour mission de préparer et d'instruire la population, mais aussi d'observer. On observe tout. Les secousses du sol enregistrées sur des sismographes rustiques, la variation des propriétés électriques, le radon, les mouvements du sol, toutes observations somme toute bien classiques mais aussi le mouvement des animaux, qu'ils soient serpent et rat, coq de basse-cour, vache aux champs, tigre de zoo ou poisson rouge mis dans des bassins spéciaux et dont on observe la nature des sauts, les mouvements des eaux souterraines ou de surface. On tient compte de tout. La science apparaît comme la grande synthèse à la fois sociologique et thématique. Les phénomènes incompris, voire mystérieux, comme les mouvements d'animaux, sont systématiquement montés en épingle. La visite de ces « observatoires » multiples se fait sous la direction de cadres du parti dont l'arrogance remplace au pied levé le minimum de connaissances scientifiques. On apprend d'ailleurs que le succès de Haicheng n'est pas isolé et qu'on a prédit également deux gros tremblements de terre à la frontière birmane en 1976. On apprend aussi, *mezzo voce*, que l'on a évacué pour rien dans le nord de la Chine deux fois, ainsi qu'à Canton, début 1976, dont les résidents s'étaient égaillés dans la campagne pour presque deux mois.

Mais ce ne sont que détails. Le Premier ministre Chou En-lai ayant mobilisé le peuple chinois pour combattre les tremblements de terre, les résultats ne se sont pas fait attendre !

Dans cette ambiance de propagande scientifico-politique

arrive, le 27 juillet 1976, la catastrophe. Ce jour-là près de Tangshan, cité industrielle située à 150 kilomètres de Pékin, survient un tremblement de terre de magnitude 7,6. Il n'a pas été prévu, malgré le déploiement de toute la « panoplie » chinoise dans cette région menacée. Perte nette : 700 000 victimes officielles, probablement près d'un million. La plus grande catastrophe de l'histoire sismique, analogue au séisme de Huli Shan dans le Chaanxi qui fit 850 000 morts en 1556. Ce jour de juillet 1976, la morgue séismologique chinoise subit un revers sévère. La réputation d'infaillibilité du système chinois aussi.

Pour avoir visité la Chine quelques mois plus tard, et depuis lors avec une certaine assiduité, j'ai pu mesurer l'évolution des mentalités chinoises dans ce domaine.

En 1977 on nous montrait encore les observatoires à poissons rouges du Yunnan. Dans un village détruit par un séisme puis reconstruit en un an (Tong Haï) on pouvait entendre le discours du chef du parti, en bleu et casquette Mao, nous commenter fièrement la performance de reconstruction en ces termes : « Nous étions désemparés devant la destruction de notre village, sans réaction, quand arriva un télégramme du président Mao. » Il sortit d'un livre relié la précieuse relique, la lecture commença d'une voix émue : notre interprète l'était aussi. « Reconstruisez votre village en ne comptant que sur vos propres forces, *signé* Mao Tsé-toung. » « Ce télégramme fut un signal. Nous nous sommes attelés à la tâche. Un an après tout était reconstruit. »

Pourtant, dès 1978, un sismologue chinois me confiait déjà en aparté combien son honneur de scientifique avait été bafoué d'être obligé de justifier les fadaises des poissons rouges et des tigres sismographes ! Inutile de dire que ces performances étaient données en exemple en Occident par les partisans de l'irrationnel aussi bien que par les soi-disant écologistes ou maoïstes à tout crin *.

En 1979, la Chine revenait officiellement vers le « raisonnable », établissait un bilan honnête des résultats positifs et négatifs, renforçait la surveillance sismique par des moyens conventionnels. Le pendule remplaçait petit à petit le poisson rouge dans le rôle du sismographe !

Il ne faudrait pas croire que l'épisode chinois ait été négligeable. En fait les Chinois ont accumulé toute une série d'observations rigoureuses, systématiques qui sont venues enrichir les annales sismiques. Malheureusement ils n'ont pas découvert le moyen de prédire les tremblements de terre.

Et les Grecs ?

J'ai la tentation de parler, après la phase chinoise, d'une phase grecque qui bat son plein. Un physicien grec prétend prédire les séismes à l'aide de mesures électriques du sol. Le procédé paraît simple. Les théoriciens de l'électricité tellurique affirment l'impossibilité de la méthode. On envoie en Grèce une commission internationale dans laquelle malheureusement ne se trouve qu'un seul géophysicien de talent reconnu. La commission revient convaincue de la validité du procédé. La publication scientifique exposant le procédé paraît enfin. Elle avait été rejetée par les lecteurs de la revue pour insuffisance scientifique, mais l'éditeur fit publier l'article afin que chacun juge. Dans un domaine aussi brû-

* Je fus pris à partie par des collègues lors d'une assemblée de professeurs parce que nous n'enseignions pas ces méthodes aux étudiants de Paris VII.

lant et aussi controversé, c'était une décision sage bien qu'inhabituelle. Il apparaît alors à tous les experts que la méthode est scientifiquement « mystérieuse », car elle ne correspond pas aux observations habituelles faites en électricité terrestre, et que les « prédictions » peuvent être qualifiées de coïncidences heureuses, en raison de la grande quantité de séismes en Grèce et de la faible proportion de séismes prédits. Les pouvoirs publics de divers pays s'en mêlent, avec plus ou moins de compétence et d'importants budgets à la clef. On en est là, sans résultat clair, sans garantie scientifique. L'explication théorique donnée par les inventeurs paraît fausse à tous les spécialistes. Cela condamne-t-il pour autant l'existence de corrélations entre signaux électriques précurseurs et séismes ? L'optimisme des uns et la sévérité des autres paraissent prématurés. Attendons donc...

Un bilan (provisoire ?)

Conscients de toutes ces expériences, de tous ces efforts, de ces prédictions réussies et manquées, il convient de dresser un bilan aussi objectif que possible. Si on entend par prédiction une méthode qui permet d'affirmer sans erreur avec quelques jours d'avance qu'un séisme de magnitude donnée aura lieu à telle heure en tel lieu, il faut constater que nous ne disposons pas d'une telle méthode. Le bilan est-il pour autant négligeable ?

Nous savons déjà que les séismes ont lieu sur les failles existantes actives. La cartographie de ces derniers nous permet déjà de définir une zone de risque d'une manière précise. La méthode historique des lacunes et des intervalles de récurrence nous permet aussi d'estimer les zones vulnérables. Ces méthodes font la preuve de leur efficacité tous les ans. Dans la prédiction à plus court terme, on peut dire que pour certains types de séismes, lorsque suffisamment d'instruments sont installés en bonne place, il est possible de donner une alarme avec une bonne probabilité de réussite. C'est le cas lorsque la séismicité locale s'accélère brutalement, c'est le cas aussi lorsque les mouvements de soulèvement ou d'affaissement du sol atteignent une certaine amplitude. Toutefois, il faut aussi se souvenir que ces critères ne sont pas absolus et que l'on a évacué Canton pour rien sur le premier critère, qu'un soulèvement de 85 centimètres du sol annoncé près de la faille de San Andreas à Palmdale en 1976 n'a été suivi d'aucun tremblement de terre.

Cela signifie que la prédiction sismique relève actuellement du domaine du diagnostic. Diagnostic au niveau de ce que devait être la médecine au XVIIIe ou au XIXe siècle (pas au XVe !). A partir d'un certain nombre d'indices, à partir d'un certain nombre de cas répertoriés dans le passé, à partir des annales locales on estime la probabilité d'un tremblement de terre plus ou moins grande et l'ordre de grandeur de sa magnitude.

Malheureusement et contrairement à la médecine même ancienne, le diagnostic est encore fondé sur un petit nombre de cas d'observations. Il y a pourtant suffisamment de séismes chaque année (plus de 3 000 séismes de magnitude supérieure à 5) pour prétendre bâtir un catalogue de cas fiables. Ce qui limite l'entreprise c'est que seulement 5 ou 10 % des zones actives sont étudiées avec l'ensemble des moyens d'observations modernes qui permettent de faire sérieusement le travail. Ailleurs il faut se contenter d'observations éparses, peu contrôlées, souvent subjectives et naturellement collectées après coup, ce qui en limite l'objectivité.

Les divers pays menacés par les tremblements de terre ont réagi à peu près tous de la même manière. Dès lors que leur niveau de développement scientifique et de ressources financières le leur permet, on installe dans les zones menacées, auprès des failles actives répertoriées, une série d'instruments de mesures répartis en réseaux. Ce sont des sismographes. Ils sont en général dispersés dans des observatoires terrestres fixes et mobiles. Ils sont parfois installés sous la mer comme au Japon où un réseau de sismographes « surveille » les côtes. Ce sont des inclinomètres destinés à mesurer les mouvements du sol, des magnétomètres, des installations de mesures électriques. A partir de là on recueille toutes les informations, on cherche des corrélations, on fait des études statistiques.

Trouvera-t-on demain une règle clinique ? Peut-être. Aura-t-on l'idée théorique appuyée par les observations ? Peut-être encore.

On manque d'idées claires et de directions de recherches. Rien aujourd'hui ne permet de dire quand nous sortirons de cette situation. Peut-être demain ? Peut-être dans cent ans, telle est l'incertitude de la recherche. On partait avec un optimisme « logique », on n'aboutit pas !

On prédit les crises volcaniques

Du côté des volcans la situation est inverse. L'entreprise était *a priori* plus difficile, pourtant depuis vingt ans la prévision des éruptions volcaniques a fait des progrès considérables. Ces progrès se sont réalisés petit à petit, sans éclat, sans découverte spectaculaire, en accumulant patiemment l'expérience acquise. Les études minutieuses de cas ont été payantes. On savait *a priori* que la méthode clinique statistique était vouée à l'échec, faute d'exemples nombreux. L'étude intensive supplée heureusement la méthode extensive.

Toute prédiction des éruptions volcaniques passe par deux conditions nécessaires (mais hélas pas suffisantes), une bonne connaissance géologique du volcan et l'installation d'un observatoire sérieux sur ses flancs.

La géologie du volcan à surveiller

La connaissance géologique du volcan est essentielle. L'examen historique des diverses éruptions et leur datation précise nous permettent de savoir quelle est la fréquence approximative des éruptions, à quel type d'éruption nous avons affaire, quelles sont les modalités d'évolution, les rythmes, les dormances.

Ainsi, faute d'études géologiques sérieuses, certains ont pu affirmer en 1976 que la Soufrière de la Guadeloupe n'avait jamais eu que des éruptions bénignes et donc que le volcan était sans danger. Outre le fait assez évident que ce n'est pas avec des éruptions bénignes que l'on construit un édifice de cendre et de lave de 1 467 mètres de hauteur, les études menées depuis par l'équipe de Pierre Vincent et Michel Semet ont montré que, dans l'Antiquité, des éruptions cataclysmiques analogues à celle récente du mont Saint-Helens avaient ravagé l'endroit alors couvert de forêts, que des nuées ardentes s'étaient répandues en plusieurs occasions et que la Soufrière ayant une fréquence d'éruption de plusieurs centaines d'années, ses colères peuvent être parmi les plus violentes. Malheureusement ces études historiques n'existaient pas en 1976, par négligence de ceux qui étaient en charge du volcan !

L'examen de la structure géologique du volcan n'est pas moins importante. Déterminer les zones de failles, connaître la circulation de l'eau dans le volcan, savoir où des glissements de terrains ou des fleuves de boue peuvent se former est un préalable indispensable à toute action de prévention, une obligation pour la prévision des dégâts. La bonne connaissance géologique que nous avons aujourd'hui du piton de la Fournaise, à la Réunion, nous permet souvent de savoir sur quelle fissure va se localiser telle éruption imminente. Elle nous permet de comprendre que les éruptions vont avoir tendance à taillader dangereusement les flancs du volcan au voisinage de la mer, rendant à terme ce volcan potentiellement dangereux. Ce sont les études géologiques stratigraphiques et structurales qui avaient amené les géologues américains à prédire plusieurs années à l'avance le réveil du mont Saint-Helens et à dire aujourd'hui que les volcans de Lassen Peak ou de Mono Lake toujours dans l'Ouest des États-Unis vont peut-être se réveiller bientôt. Ce sont les études géologiques qui permettent aux Islandais de n'être que rarement surpris par une éruption car, pour chaque volcan, ils ont déterminé la fréquence de ses divers modes d'éruption.

A ces études géologiques viennent s'ajouter aujourd'hui celles qui concernent l'hydrologie du volcan. La quantité de pluie qui y tombe, le circuit interne par lequel cette eau circule et se répartit sur le volcan sont des données importantes pour deux raisons. D'une part, l'eau surchauffée génère de la vapeur à potentialité explosive. Ainsi naissent les explosions phréatiques. Terriblement dangereuses en elles-mêmes, elles peuvent, comme on l'a vu dans le cas du mont Saint-Helens, déclencher une éruption majeure en contribuant à déboucher la cheminée volcanique. D'autre part, l'eau superficielle qui imbibe des mètres cubes de cendres fines donne souvent naissance à des fleuves de boue, les fameux lahars indonésiens. C'est sous un tel fleuve de boue parti du volcan Nevado del Ruiz que la ville colombienne d'Armero fut engloutie le 13 novembre 1985.

Une bonne étude géologique peut circonscrire tous ces dangers...

Les observatoires volcaniques

L'installation d'un observatoire sur les flancs du volcan est la seconde condition nécessaire pour réaliser une prédiction d'éruption. En quoi consiste un observatoire volcanique ? D'abord en un réseau de sismographes. Ce réseau est au volcanologue ce que le stéthoscope est au médecin. Si les volcans ne sont que très rarement responsables de gros tremblements de terre, en revanche les éruptions volcaniques sont accompagnées d'une activité sismique continue, d'intensité en général moyenne mais qui permet de suivre l'évolution du phénomène et en même temps d'ausculter le volcan. Qui dit évolution, dit enregistrement continu aussi bien en période calme, hors de toute crise, qu'en période de crise. Il est fondamental de connaître l'état normal du volcan pour pouvoir détecter l'état de fièvre. Si l'on ne sait pas qu'il y a en moyenne dix séismes par mois sous la Soufrière en temps normal et que ce nombre était passé graduellement jusqu'à mille par jour en août 1976, on ne comprend pas pourquoi la crise avait été annoncée. Les autorités civiles américaines ont décidé d'évacuer les abords du volcan Saint-Helens dans l'État de Washington sur la base d'une augmentation anormale du nombre de séismes.

Comme l'avait noté un volcanologue français de passage, le cas semblait en tout point analogue à celui de la Soufrière de la Guadeloupe en 1976. Analogie ne veut pas dire identité. Contrairement à ses prédictions hâtives, le volcan cette fois explosa. Ceux qui n'avaient pas voulu évacuer la zone périrent sous les cendres. Périrent aussi deux volcanologues qui, malgré le danger qu'ils connaissaient, étaient restés là pour observer l'évolution du volcan.

Ces deux exemples semblent montrer que l'augmentation de la séismicité est une information ambiguë. Il n'en est rien si l'on sait *1.* que les études détaillées de la chimie des cendres émises par la Soufrière ont bien montré qu'en 1976 le magma était là et bien là, prêt à bondir à la surface, *2.* que ces deux exemples ont été extraits d'une série très longue qui elle ne souffre que peu d'exceptions. En 1979 c'est la séismicité qui prévient la crise de la Soufrière de Saint-Vincent et évite la catastrophe. En 1980, ce sont les sismographes islandais qui alerteront avant les éruptions du Krafla. Comme en 1984 ils signalèrent l'entrée en éruption du volcan Chichon au Mexique et en 1985 celui du Nevado del Ruiz en Colombie.

Ce sont les deux réseaux situés sur l'île d'Hawaii qui permettent de prévoir l'imminence d'une éruption quelques semaines à l'avance. Depuis que l'Institut de physique du globe de Paris a installé un tel réseau à la Réunion, l'observatoire a pu annoncer toutes les éruptions qui s'y sont déroulées et le plus souvent le lieu, l'heure exacte, et suivre l'activité du volcan. Les autorités dûment prévenues ont à chaque fois pu prendre les dispositions nécessaires.

Tout cela est fait pourtant avec des méthodes assez simples. On détermine le foyer des séismes et on suit la progression dans l'espace et dans le temps de ces derniers. Lorsque le magna se propage, ou lorsque des gaz surchauffés s'échappent, ils fracturent les roches sur leur passage et ces fracturations se traduisent par des séismes. On peut ainsi suivre la montée du magna ou ses tentatives pour percer le toit des réservoirs magmatiques. A Hawaii on peut détecter la montée du magma à partir de 60 kilomètres, six mois avant l'éruption. A la Réunion, où les éruptions se déclenchent à partir de la chambre magmatique superficielle on peut généralement déterminer le moment où le magma impatient commence à fracturer le toit, quelques jours avant l'extrusion.

La seconde technique complémentaire de la séismologie est l'inclinométrie, la mesure des mouvements du sol. Son principe est simple, ses techniques modernes assez compliquées. On mesure par exemple l'inclinaison du sol en plusieurs points du volcan. La précision de ces mesures permet de détecter des mouvements du sol de quelques millimètres sur une distance d'un kilomètre. Utilisant aussi des visées optiques, ces techniques ont gagné aujourd'hui en précision et en vitesse d'exécution grâce à l'introduction des géodimètres à laser. Quoi qu'il en soit, la déformation du sol d'un volcan traduit bien ce qui se passe en son intérieur. Une nouvelle venue de magna crée à l'évidence une élévation, une redistribution interne, une élévation ici, un affaissement là, etc.

La longue expérience hawaïenne a montré l'efficacité de ce genre de mesures pour prédire les éruptions, l'inclinomètre prenant près du sommet le relais du sismographe. A la

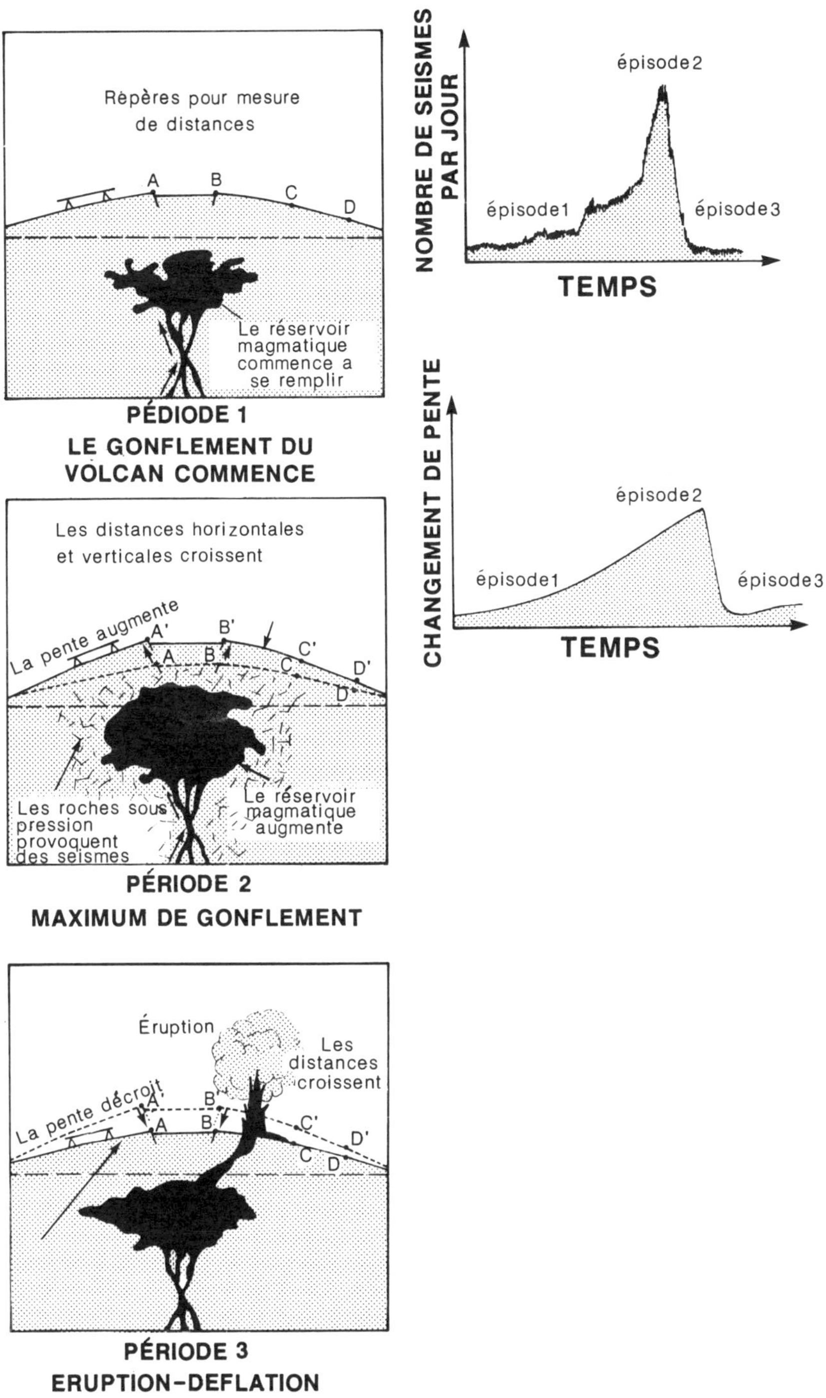

Figure 41. Ces schémas ont été réalisés par l'observatoire d'Hawaii pour illustrer leur méthode de prévision des éruptions fondée sur la fréquence des séismes et l'inclinométrie.

Réunion, en revanche, l'inclinométrie s'est montrée jusqu'ici moins efficace. Cette différence vient du fait qu'à Hawaii, au Kilauea, chaque éruption correspond à une nouvelle injection de magma venant du manteau, alors qu'au piton de la Fournaise l'origine de l'éruption est plus superficielle et il n'y a pas d'apports nouveaux.

Pour être efficace, l'inclinométrie doit être pratiquée longuement et pendant les périodes de calme. On doit savoir si le volcan se déforme de lui-même sans sollicitation profonde et de combien. On doit connaître les endroits où des éboulements superficiels sont susceptibles de modifier la forme du volcan. On doit tester la solidité des repères qui portent les réflecteurs servant aux mesures, etc. L'inclinométrie installée en hâte pendant la crise, à la Soufrière en 1976, par les meilleurs spécialistes du monde, a donné des résultats fantaisistes qui ont jeté le trouble parmi les scientifiques français.

Au total un observatoire composé d'une dizaine de sismographes et d'un réseau de nivellement est dans l'état actuel l'observatoire minimal pour surveiller convenablement un volcan. Avec de tels moyens, et quelques scientifiques consciencieux et attentifs, il est aujourd'hui certain qu'on ne sera pas surpris par le réveil d'un volcan. Il est certain aussi qu'associée à une étude historique du volcan la surveillance géophysique permettra une prédiction de l'évolution globale de la situation. On est donc aujourd'hui bien armé pour prévoir les crises.

Ce qui est nettement moins maîtrisé c'est la prévision des événements ponctuels à l'intérieur d'une même crise. Connaître l'heure exacte, la nature détaillée et la puissance de telle émission ou de telle explosion en cours de crise est encore un exercice très incertain et dans lequel bien des progrès restent à faire. Là encore, l'accumulation de mesures

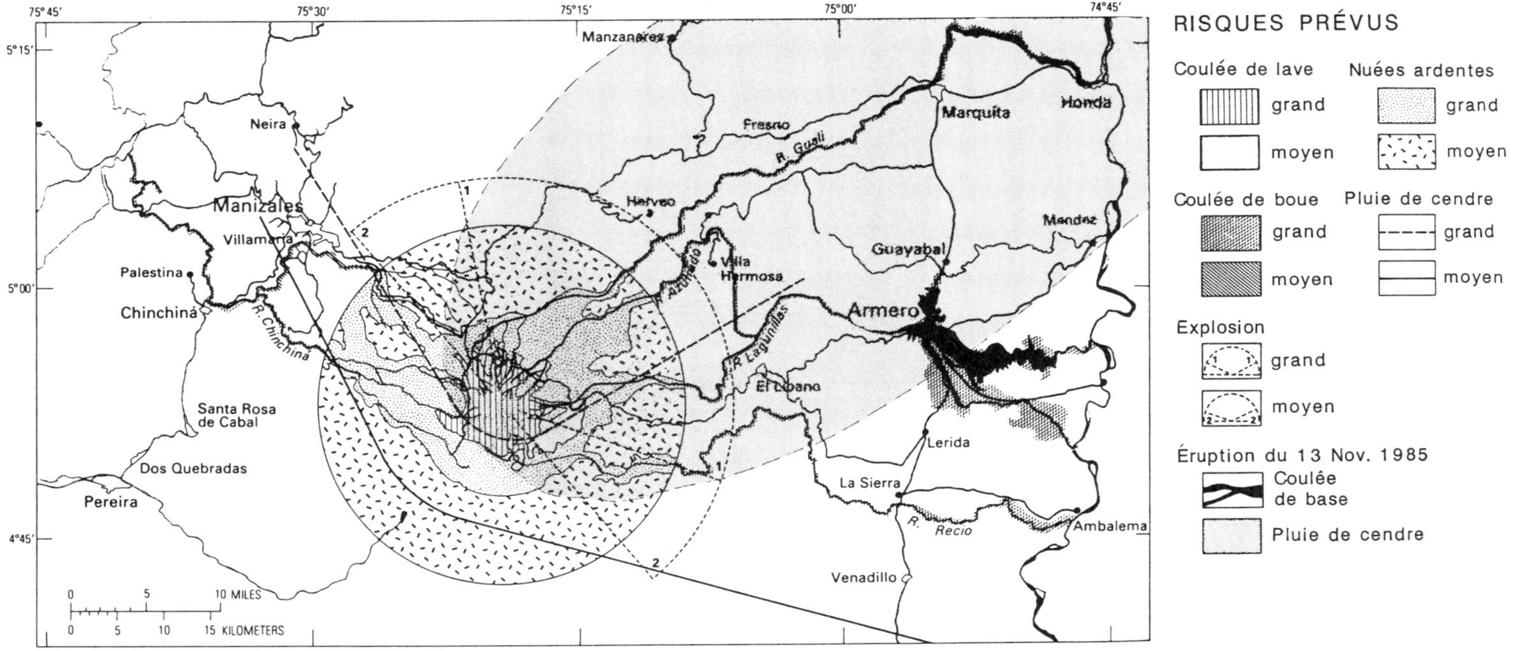

Figure 42. Cette carte est une carte de risques, celle préparée pour le Nevado del Ruiz en septembre-octobre 1985, c'est-à-dire bien avant *l'accident*.
Elle prévoyait tout, y compris la catastrophe du fleuve de boue. On n'en a tenu aucun compte.

précises faites de par le monde au cours des années récentes permet de progresser lentement.

Ce relatif optimisme paraîtra bien téméraire à celui qui se souvient que 22 000 personnes périrent sous un torrent de boue émis par le volcan colombien Nevado del Ruiz. Alors ? on sait prédire mais on laisse mourir ? Nullement. La tragédie du 13 novembre 1985 qui engloutit la petite ville

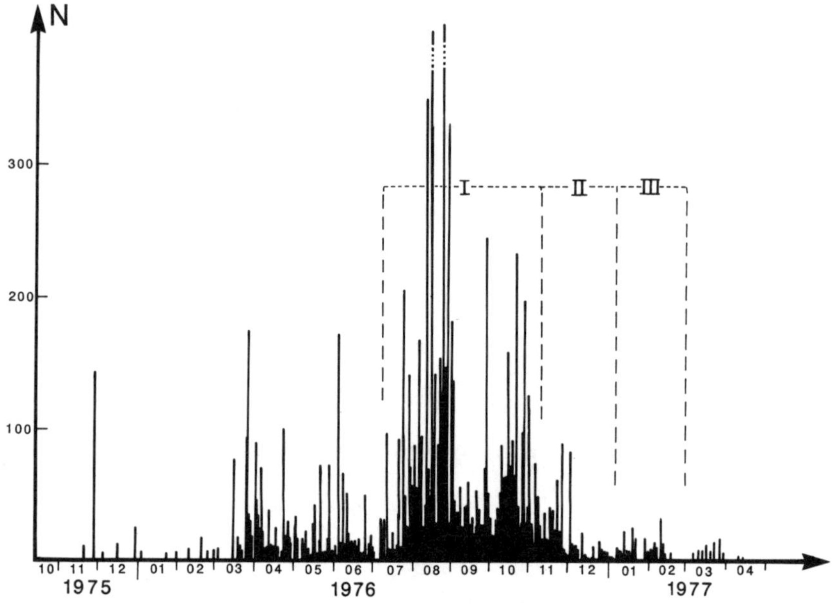

Figure 43. Fréquence et répartition des tremblements de terre lors de la crise de la Soufrière de la Guadeloupe en 1976.

d'Armero est un exemple de ce qui risque de se produire lorsqu'on n'évacue pas. Le volcan était sans observatoire mais, sur la base d'études historiques minutieuses, des géologues américains avaient prévu son réveil. Une mission menée par John Tomblin, l'homme qui avait participé à l'épisode de la Soufrière de Guadeloupe et de Saint-Vincent, aujourd'hui employé des Nations unies, avait noté un accroissement des séismes et prévenu les autorités. Une carte de risques avait été établie et chacun savait que ce volcan enneigé de 5 200 mètres, dont les pentes étaient chargées de cendres, pouvait déclencher des fleuves de boue. Les autorités colombiennes multiplièrent les commissions, les sous-commissions mais n'évacuèrent pas la ville menacée. L'alerte donnée dans la nuit vers 6 heures du matin, dans une ville sans sirène, sans éducation, sans plan d'évacuation, fut sans effet. On connaît la suite : 22 000 morts et 212 millions de dollars de dégâts. Le préfet de la Guadeloupe a-t-il eu tort d'écouter John Tomblin et d'évacuer en 1976 ?

Si l'on décide que les vies humaines en valent la peine, tout ce qu'on risque c'est d'évacuer pour rien une fois sur dix ! C'est la statistique que l'on peut extraire des cas réels qui se sont produits depuis vingt ans. Des cas réels mais où il existait un observatoire. Or parmi les cinq cents volcans actifs du monde, une trentaine au plus en sont équipés. Sur quarante-cinq volcans au Japon, six d'entre eux seulement ont un observatoire installé sur leurs flancs. Pour ce qui concerne la France, grâce au travail animé et coordonné par Jean-Louis Le Mouël et son équipe à l'Institut de physique du globe de Paris, tous nos volcans sont sous surveillance : la montagne Pelée de Martinique, la Soufrière de la Guadeloupe, le piton de la Fournaise de la Réunion. Nous continuons à surveiller tout autant le rift d'Assal à Djibouti, bien que cette région de volcanisme actif ne menace personne.

Il faut pourtant dire bien haut que, sur la trentaine d'observatoires volcaniques actifs répartis de par le monde, plus de vingt appartiennent aux pays développés. Six au Japon, trois aux États-Unis, trois en France, trois en Italie (Etna, Vésuve, Stromboli), quatre en Islande où l'ensemble des Pays scandinaves contribue au financement, trois dans l'arc des petites Antilles sud centrés autour de Trinidad sous contrôle anglais, deux au Kamchatka sous contrôle soviétique. Les autres sont situés en Amérique centrale où la Costa Rica et le Mexique font un effort intéressant, l'Indonésie pourtant sous-équipée, aux Açores où les Portugais tentent d'entretenir des installations convenables, ou aux Philippines. Un observatoire volcanique coûte environ 5 millions de francs d'installation. La maintenance des équipements coûte 1 million de francs par an. Il faudrait un programme international d'envergure qui n'existe pas malgré les efforts méritoires de l'Unesco. Là encore, entre pays riches et pays pauvres il y a deux poids et deux mesures.

L'équipement des observatoires modernes comme les nôtres, ceux des Américains, des Japonais ou des Islandais n'est d'ailleurs pas limité aux instruments de mesure. Ils comprennent en outre une infrastructure importante de télécommunication et de calcul. Les résultats des stations sont en effet transmis en continu à un central unique. Les calculs sont faits en permanence par des ordinateurs liés à chaque observatoire. Dès demain tout cela sera transmis par satellite en des laboratoires lointains où des traitements plus complets seront effectués. Ces moyens pourraient constituer l'espoir pour les pays sous-développés. A quand le satellite volcanologique ? A quand le laboratoire mondial de surveillance ? Cela passe par l'équipement d'une centaine de volcans mais est-ce irréaliste ? Avec d'autres, Michel Treuil se dévoue beaucoup à cette tâche mais sera-t-il entendu ?

Prédiction et théorie

Si vous visitez les observatoires volcanologiques de Martinique, de Guadeloupe et de la Réunion, ou l'observatoire américain d'Hawaii, visite à laquelle j'encourage tous ceux qui en auront l'occasion, vous y verrez beaucoup plus d'instruments de mesure que ceux que j'ai décrits. Ce sont ces réseaux de magnétomètres, des laboratoires d'analyse d'eau et de gaz, des réseaux de sondes thermiques, ou des microbarographes destinés à mesurer les variations de pression atmosphérique. Aucune de ces méthodes n'est considérée à l'heure actuelle comme essentielle, comme le sont séismométrie et inclinométrie, mais comme des possibilités futures. Chacune a eu des succès partiels. Elles sont installées à titre expérimental car la recherche prévisionnelle continue, la recherche de méthodes encore plus fiables, de méthodes de prédictions complémentaires qui renforceraient celles qui existent déjà.

Ces recherches se font à la fois par la méthode clinique, elles sont organisées à partir des instruments que nous venons de mentionner. Elles se font aussi par des méthodes plus théoriques car, comme nous l'avons dit, il faudra bien arriver un jour à lier les observations géophysiques et les théories qui concernent les mécanismes intimes des éruptions volcaniques : chacun aura pu constater combien ce début de chapitre était largement indépendant du chapitre IV où nous avons parlé des volcans sur le plan fondamental.

Comme nous l'avons évoqué, les recherches sur les mécanismes tendent aujourd'hui à expliquer assez convenablement la forme des volcans, la nature des produits émis, types de roches ou de gaz, les raisons intimes des divers types

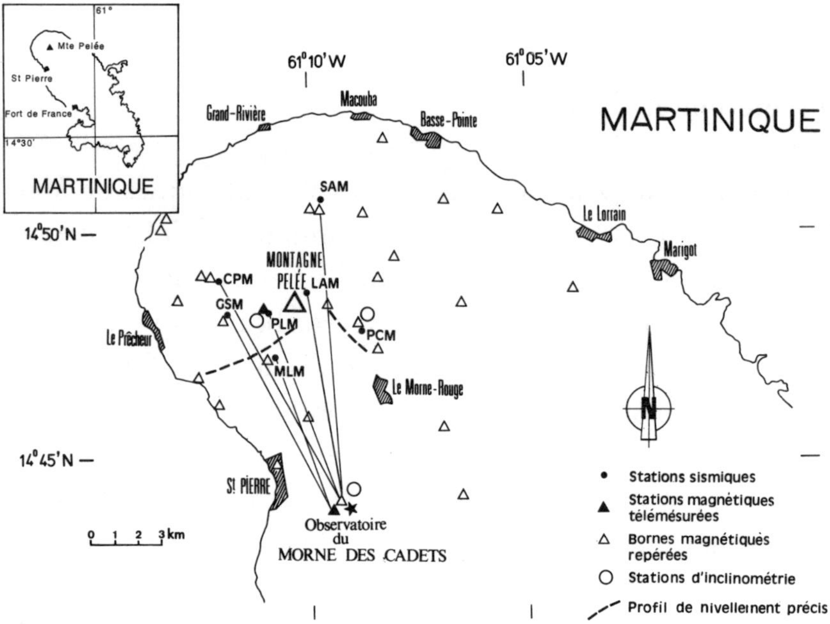

Figure 44. Cartes illustrant les installations d'observation des trois volcans français placés sous la surveillance de l'Institut de physique du globe de Paris.

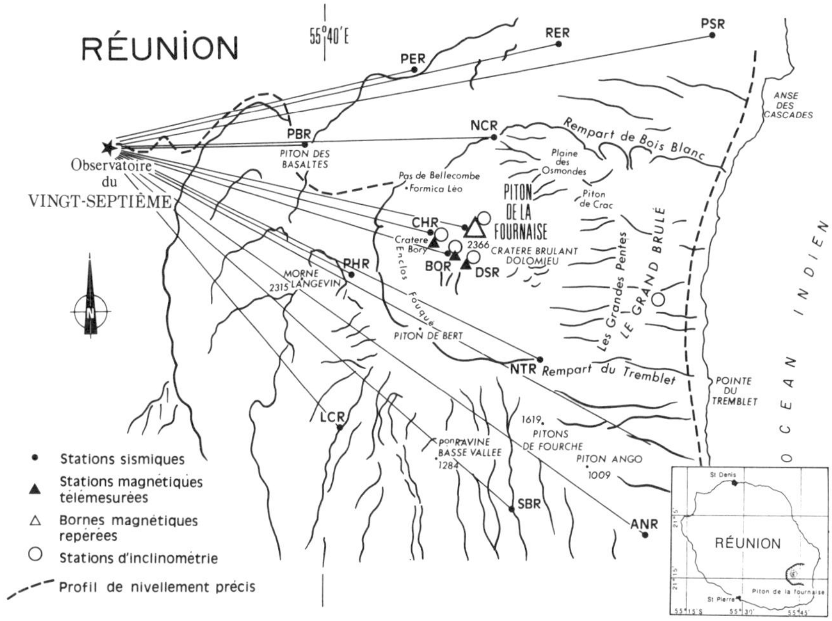
RÉUNION
55°40'E
PER
RER
PSR
PBR
PITON DES BASALTES
NCR
Rempart de Bois Blanc
ANSE DES CASCADES
Plaine des Osmondes
Piton de Crac
Observatoire du VINGT-SEPTIÈME
Pas de Bellecombe
Formica Léo
CHR
PITON DE LA FOURNAISE
2366
Cratere Bory
BOR
DSR
CRATERE BRULANT DOLOMIEU
Les Grandes Pentes
LE GRAND BRULÉ
OCEAN INDIEN
PHR
MORNE LANGEVIN
2315
Enclos Fouqué
PITON DE BERT
NTR
Rempart du Tremblet
POINTE DU TREMBLET
LCR
RAVINE BASSE VALLEE
1284
1619
PITONS DE FOURCHE
PITON ANGO
1009
SBR
ANR
N
Stations sismiques
Stations magnetiques telemesurees
Bornes magnetiques reperees
Stations d'inclinometrie
Profil de nivellement précis
St Denis
RÉUNION
St Pierre
Piton de la fournaise
21°5'
21°15'
55°15'S
55°30'
55°45'

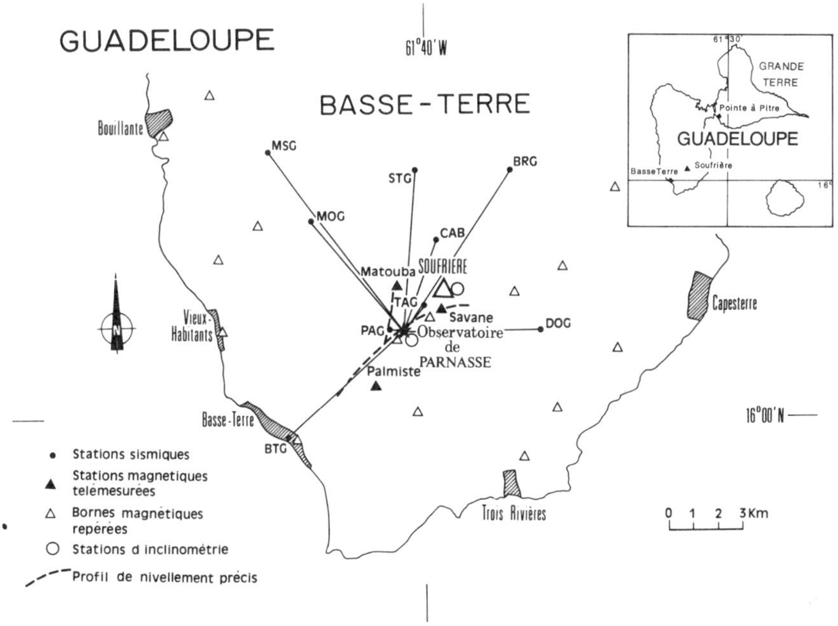
GUADELOUPE
61°40'W
BASSE-TERRE
Bouillante
MSG
STG
BRG
MOG
CAB
Matouba
SOUFRIERE
TAG
Savane
PAG
Observatoire de PARNASSE
DOG
Palmiste
Vieux-Habitants
Basse-Terre
BTG
Capesterre
Trois Rivières
16°00'N
0 1 2 3Km
N
Stations sismiques
Stations magnetiques telemesurees
Bornes magnetiques reperees
Stations d inclinometrie
Profil de nivellement précis
61°30'
GRANDE TERRE
Pointe à Pitre
GUADELOUPE
BasseTerre
Soufrière
16°

d'éruption mais semblent n'avoir aucune prise sur la prédiction.

Répétons-le, pour franchir cette barrière il faut que les théoriciens s'intéressent aux observations géophysiques et que les observateurs cherchent à comprendre la cause ultime de leurs observations et ne se contentent pas de la phénoménologie analytique. Quels que soient l'intérêt pratique et les succès de cette dernière.

Sismologie volcanique

Cette double tendance se profile à l'horizon et le point de rencontre est la sismologie. C'est la sismologie parce que d'une part les signaux sismiques sont de loin les plus abondants lors d'une éruption et d'autre part parce que la théorie sismique est suffisamment bien développée pour pouvoir s'attaquer à des problèmes aussi complexes que le volcanisme.

Les premiers efforts ont été faits au Japon lorsque Minakami chercha à classer les types de séismes qui se produisent lors d'une éruption. D'après la forme des sismogrammes il en distingua quatre. Les séismes profonds de type classique qu'il appelle A ; les séismes B, superficiels, dont les Japonais font un usage intensif pour prédire les évolutions volcaniques ; les séismes E liés aux explosions superficielles, enfin, et c'est sans doute les plus intéressants, les trémors.

Les trémors sont les vibrations sismiques quasi périodiques qui se produisent pendant dix, vingt, trente minutes ou même plus. Souvent monochromatique *, leur amplitude se

* C'est-à-dire ayant une fréquence de vibration unique et constante.

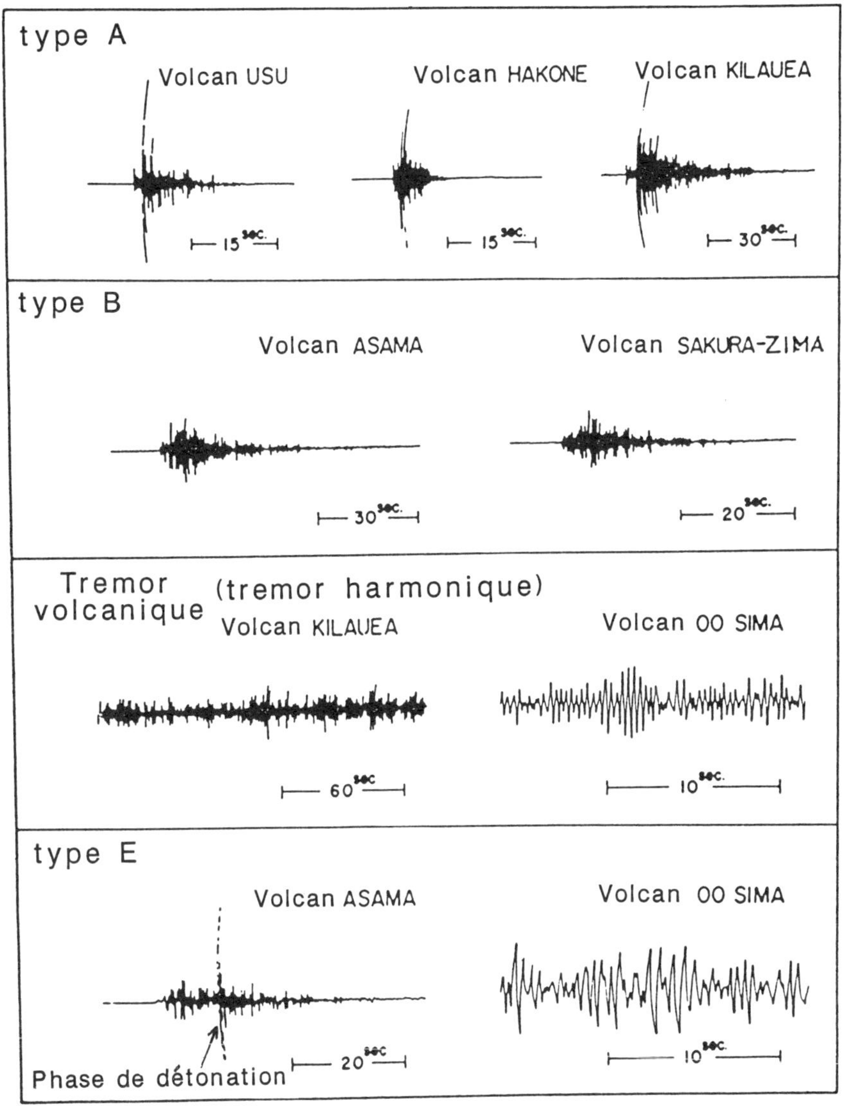

Figure 45. Type de signaux sismiques émis par un volcan.

maintient sans altération notable. Leur arrêt est brutal et ne correspond pas à une atténuation progressive.

L'origine de ces trémors apparaît dans l'existence d'une source qui elle-même est en vibration. Dans un tremblement de terre, la source est une cassure brutale. Dans un trémor, la source vibre, « sonne » comme une cloche. Quelle est cette source ?

Les opinions sont multiples. Pour les uns c'est une cavité contenant du magma qui vibre comme le ferait une cavité sonore. C'est l'avis de Akira Kubotera qui, à partir de là, détermine la dimension des cavités magmatiques. Pour d'autres, comme Kei Aki, c'est l'intrusion de magma dans les roches fissurées qui crée un phénomène de « flûte naturelle » faisant vibrer les lèvres de la fissure injectée.

Les diverses interprétations dont l'énoncé ci-dessus est loin d'être exhaustif ne sont peut-être pas antagonistes, ni exclusives les unes des autres, mais complémentaires. Il va falloir maintenant trier, comparer, mesurer, calculer, mais cette fois sur la base de théories scientifiques fondées. Rêvons un peu... Si l'on comprend l'origine des trémors, on peut penser connaître des paramètres comme la dimension du réservoir, la teneur en gaz, la viscosité du magma et suivre ces paramètres en cours d'éruption. On pourra alors lier observations et théorie ou bien déterminer où le magma commence à s'injecter. Le suivi de la migration des trémors informerait alors sur la montée du magma lui-même. Un projet auquel on n'aurait même pas osé rêver il y a cinq ans. Mais l'espoir ne s'arrête pas là.

La sismologie a fait de tels progrès récemment que l'on est en mesure de reconstituer de véritables images tridimensionnelles d'un corps rocheux à l'aide des ondes sismiques qui le traversent. Cela s'appelle la tomographie sismique, analogue en tout point au fameux scanner à ultrasons cher aux médecins. La dimension est différente, le principe voisin. La source de vibration peut être les séismes lointains, les séismes émis par le volcan, ou même des vibrations artificielles provoquées par l'homme. A partir de là, on peut réaliser l'image du cœur du volcan, connaître le lieu, la dimension et l'état de la chambre magmatique. Rêve encore que tout cela ? Nullement. Par ces techniques nous commençons à connaître aujourd'hui la structure du sous-sol d'Hawaii ou du Mont-Dore. Il reste à les perfectionner, à utiliser ces méthodes pendant une crise, à essayer de suivre une crise « de l'intérieur ». Cette ambition est en marche mais elle coûtera très cher. Notre volcan de la Réunion sera peut-être le théâtre de cette première mondiale. Une équipe française en sera peut-être la réalisatrice.

La physique des instabilités et catastrophes telluriques

Les séismes et les éruptions volcaniques sont des phénomènes brutaux dont l'échelle de temps est de la seconde ou la minute alors que les causes ultimes qui sont à leur origine ont des échelles de temps du million d'années. Ce transfert d'échelle de temps permet de classer ces phénomènes dans un ensemble beaucoup plus vaste que les physiciens appellent les phénomènes d'instabilité. Une action continue, progressive, lente déclenche un phénomène qui fait soudainement évoluer le système dans une direction imprévue. Ainsi en est-il des phénomènes de rupture, où un accroissement infime de charge provoque la cassure du support. Ainsi en est-il de l'écoulement d'un fluide mis dans une casserole chauffée vigoureusement dont le mouvement lent va être interrompu par une projection violente que rien ne laissait prévoir. Ces deux exemples simples, aujourd'hui bien analysés par la physique moderne, évoquent bien sûr le tremblement de terre, l'éruption volcanique. Cherchons à utiliser à notre profit l'analyse générale que les physiciens font de tels phénomènes.

Lorsque les effets sont directement proportionnels à l'intensité des causes on parle de physique linéaire. Les évolutions sont alors traduites par des courbes régulières, souvent simples, « sans angle aigu », sans discontinuité brutale. On peut alors extrapoler les courbes afin de prévoir. La physique classique s'est développée d'abord dans ce cadre et beaucoup de lois de la nature ont consenti à se laisser ranger dans ce moule dont l'avantage est la simplicité.

Au début du siècle, le mathématicien français Henri Poincaré a commencé à développer les moyens mathématiques d'analyse des phénomènes d'interactions complexes non linéaires. Ce sont les phénomènes pour lesquels les effets ne sont pas directement proportionnels aux causes, autrement dit où de petites variations dans les causes peuvent avoir de grosses répercussions dans les effets ou vice-versa. Les courbes qui traduisent ces relations ont des formes compliquées avec des angles et des changements brusques de formes. Dans certaines parties de ces courbes, l'extrapolation est impossible. Les phénomènes d'instabilité sont des exemples typiques des phénomènes physiques non linéaires. Après une période de dormance de près de cinquante ans, les physiciens modernes se sont intéressés de nouveau à ces phénomènes et leurs travaux ont pu éclairer d'une vive lumière des questions comme les changements de phase — le moment brutal où l'eau devient glace : on a une petite diminution de température, la matière change brutalement de nature —, l'écoulement turbulent, « tourbillonnaire » des liquides : on a une petite augmentation de vitesse, l'écoulement calme devient soudainement désordonné, etc. Les résultats des études théoriques des phénomènes non linéaires permettent de mettre dans une perspective plus large les questions de prévision de phénomènes naturels qui sont dominés par des processus d'instabilité. Prenons l'exemple de la météorologie.

La météorologie est une discipline qui fascine les hommes depuis l'Antiquité et le problème de la prévision du temps est une question qui concernait déjà les empereurs de Chine et qui intéresse tous nos contemporains, aviateurs, fermiers, pêcheurs, automobilistes... Chacun sait que cet exercice de prévision du temps est une opération difficile. Chacun s'est sans doute gaussé des prévisions manquées. Pourtant un effort gigantesque a été accompli depuis des décennies avec les moyens les plus modernes.

Le travail théorique de Lorentz, météorologue du MIT, a permis de situer le problème dans un cadre plus vaste. Étudiant les équations non linéaires qui régissent l'évolution d'une masse d'air humide, soumise à un éclairement solaire, il a montré que les solutions étaient très instables. C'est-à-dire qu'elles peuvent varier considérablement suivant des variations très petites des conditions locales. Pour prendre un exemple frappant, Lorentz a démontré que des variations infimes dans le champ de vitesse des masses d'air en un lieu donné finissaient par changer totalement l'évolution du système quelques mois plus tard. En langage imagé on a coutume de dire que le vol d'un papillon près de la tour Eiffel peut à lui seul modifier le temps qu'il fera à Paris dans six mois ! Pour incroyable que cela paraisse, c'est presque vrai ! On comprend, dans ces conditions, que la prévision du temps quelques mois à l'avance est *rigoureusement impossible* faute de connaître avec tous les détails nécessaires les déplacements des masses d'air dans tout l'hémisphère Nord ! Mais, direz-vous, que font les météorologues qui chaque soir nous annoncent le temps pour demain ? Ils se placent à une échelle de temps différente. Utilisant les photographies des satellites des jours précédents, ils en déduisent que les tendances seront identiques et donc prolongent l'évolution d'un jour. L'expérience prouve que ce n'est pas très mauvais mais que, malgré le faible délai, il y a encore des erreurs... Traduit en terme de courbe cela veut dire que les courbes qui traduisent la température, l'humidité, etc., en un lieu donné sont assez régulières à l'échelle de quelques jours mais totalement désordonnées à l'échelle de plusieurs mois.

En changeant d'échelle de temps et en passant à celle du siècle, il est possible de prévoir l'évolution du climat moyen annuel de la Terre avec une précision raisonnable. Cela se fait à l'aide des annales de paléotempératures enregistrées pendant plusieurs millions d'années dans les glaces polaires ou les fossiles océaniques. Les courbes obtenues ne présentent pas de points singuliers, et la prévision peut se faire dans des conditions assez satisfaisantes. Ainsi on nous annonce le réchauffement progressif de la Terre pour les vingt ans à venir.

Tirant une conclusion rapide de ces études, on peut dire que la prévision du temps est possible à l'échelle de quelques années, à l'échelle de quelques jours, mais la « fenêtre » de la prévision journalière six mois à l'avance est interdite. Ce qui est intéressant c'est que l'analyse théorique de Lorentz permet d'établir ce résultat et montre théoriquement que le maximum que l'on peut espérer dans la prévision journalière est un délai de huit jours.

Peut-on transposer l'analyse à la prédiction volcanique ? Sans avoir recours à l'analyse mathématique poussée de style Lorentz, il semble clair que la prévision de l'heure d'une éruption volcanique quelques mois à l'avance est et restera une opération impossible car les phénomènes de nucléation de bulles et de dégazage ne pourront sans aucun doute pas être contrôlés à cette échelle de temps.

En revanche, savoir dans un cas donné, la Réunion par exemple, qu'une éruption aura lieu telle semaine avec six mois d'avance n'apparaît pas hors de portée de la recherche. Quoi qu'il en soit, ces réflexions ne sont pour l'instant que spéculatives, car une analyse théorique complète est actuellement hors de question, mais il n'est peut-être pas sans intérêt de poser le problème en ces termes, ne serait-ce que pour en définir les objectifs, en connaître les limites.

Pour les séismes, la situation n'est pas si différente sauf que l'instabilité semble appartenir plus clairement à une cascade de transferts d'échelles. Nous avons souligné que la « combinaison positive » d'une série de ruptures de dimensions microscopiques, puis petites, puis moyennes, puis plus grandes finissait par donner naissance à cette « explosion » que constitue le tremblement de terre. A l'inverse lorsque les ruptures qui ont lieu à différentes échelles se combinent « négativement », la déformation des roches se fait graduellement, progressivement, sans éclat brutal. Pour une région donnée, il existe donc deux régimes de déformations. L'un lent, progressif, distribué harmonieusement, l'autre concentré, discontinu, brutal. Prédire les tremblements de terre d'une manière efficace, c'est trouver le moyen de déterminer le moment où l'on change de régime, où les contraintes cessent de se dissiper et s'accumulent statiquement. L'observation minutieuse des petits séismes, de leur distribution, de leur répartition semble nous frayer un chemin. Pourtant, l'échelle de temps nous manque encore. Si la cascade qui détermine « l'explosion sismique » se déclenche en quelques minutes, la prévision efficace nous sera interdite à jamais. Si à l'inverse les mouvements d'eau ou les transferts d'échelles mettent des semaines ou des mois à se réaliser, l'espoir nous est permis.

Ici encore nous n'en sommes qu'au stade des spéculations qualitatives, mais elles nous entrouvrent déjà des voies d'approche : d'une part toute la panoplie mathématique d'analyse des phénomènes non linéaires — les volcanologues, de Sue Kieffer à Claude Jaupart, commencent à en faire bon usage ; par ailleurs l'extrême importance de la mesure précise des échelles de temps liées au déterminisme des instabilités. C'est vrai pour le volcanisme, où nous avons besoin de connaître les vitesses de naissance et de croissance des bulles, comme les vitesses de transfert des magmas dans les conduits, c'est vrai pour les séismes où l'étude minutieuse des petits précurseurs nous apprendra peut-être comment se déclenchent les cascades. Nous sommes là aux frontières de la science actuelle, mais nous commencons à entrevoir des pistes. Laissons faire le temps.

CHAPITRE VI

La prévention

Prévenir c'est guérir, dit un adage populaire. Si nous sommes encore loin d'une prévision des catastrophes, on peut se demander ce qu'il faut faire pour en limiter les effets. Tel est le but de toutes les mesures de prévention.

Nous avons dit pourquoi la désertion totale des zones menacées était une solution globalement impossible. Ayant accepté de vivre avec la menace tellurique, que peut faire l'homme ? La première démarche est dans chaque cas d'évaluer l'importance de la menace.

L'évaluation des risques

Ayant recensé le nombre d'événements qui se produisent dans une zone donnée (continent, pays ou région), on cherche à mesurer le risque en extrapolant au futur l'expérience passée.

On peut le faire en comparant les risques d'une zone à une autre. C'est là l'idée du « risque relatif ». Par exemple on définit aux États-Unis des zones de risque 0, des zones de risque 1, 2 et 3 pour les tremblements de terre. Ces degrés de menace sont des estimations qualitatives établies par rapport à une échelle définie arbitrairement.

Beaucoup plus précise est la notion de probabilité de risques. Elle peut être définie comme étant la probabilité que se produise un événement (séisme ou éruption volcanique) dans un intervalle de temps donné. L'établissement d'un chiffre pour une région donnée s'appuie entièrement sur les annales historiques. On divise le nombre d'événements par la durée au cours de laquelle on possède des informations *. Comme nous l'avons déjà souligné, le maniement des notions probabilistes dans ces contextes de petits nombres demande des précautions. Hors des zones à séismicité active, dire que la probabilité d'un séisme est nulle n'ajoute rien à la constatation qualitative. Dans les zones actives, dire que la probabilité d'un séisme disons de magnitude supérieure à 6 est de 10 par millénaire sur la faille de la rivière Rouge en Chine du Sud et de 3 par siècle sur la partie nord de la faille de San Andreas n'indique rien sur ce qui se produira le mois prochain ! Alors pourquoi parler à nouveau de probabilité ? Parce que, pour certains, mesurer ce chiffre est utile. Par exemple pour fixer le prix des polices d'assurances. La loi des grands nombres s'applique alors non sur les événements mais sur le nombre des assurés, et la probabilité de risques est une notion qui peut utilement entrer en ligne de compte avec d'autres facteurs dans un tel calcul qui est par essence statistique. Dans la définition des urgences pour un programme de construction paraséismique, il vaut mieux commencer par les régions statistiquement les plus menacées. C'est une garantie contre la critique publique en cas d'accident ! Mais encore une fois, cela ne garantit rien. De toute

* Si l'on accepte la théorie des gaps séismiques, on pourrait fonder le calcul sur les fréquences brèves.

manière dans l'état actuel des choses et bien que cette pratique se généralise il faut constater que, les statistiques historiques étant limitées, la généralisation de telles mesures l'est du même coup.

S'il faut penser qu'avec le temps de telles approches se généraliseront, il ne faudra jamais en oublier les limites intrinsèques. Chercher à quantifier un phénomène est louable ; cette recherche a été l'une des démarches fondamentales des sciences de la nature. Utiliser une mesure (en l'occurrence une probabilité) hors du contexte où elle peut se définir valablement n'est pas licite. Même si l'emploi d'une telle mesure permet à des responsables de faire croire aux populations que leur protection est assurée sur des bases sérieuses et quantitatives, il faudra être vigilant pour qu'en leur nom on ne manipule pas les gens. Soit avec des objectifs douteux tels que pourrait l'être des intérêts immobiliers, soit avec des objectifs tout à fait respectables mais naïfs par rapport aux mesures de prévention et d'éducation.

On établit dans beaucoup de régions menacées les cartes de risques plus importantes que ces « calculs de probabilité ».

Les cartes de risques

Puisque les séismes se produisent sur les zones de failles, dans les régions de suture entre plaques actuelles ou anciennes, il est dont possible d'identifier les zones à risques puis de cartographier géologiquement par le détail les lieux où passent les failles actives. Dans cet exercice la géologie de terrain est essentielle, mais l'étude de la séismicité locale et historique constitue le guide obligé.

Ainsi on peut réaliser des documents indiquant les

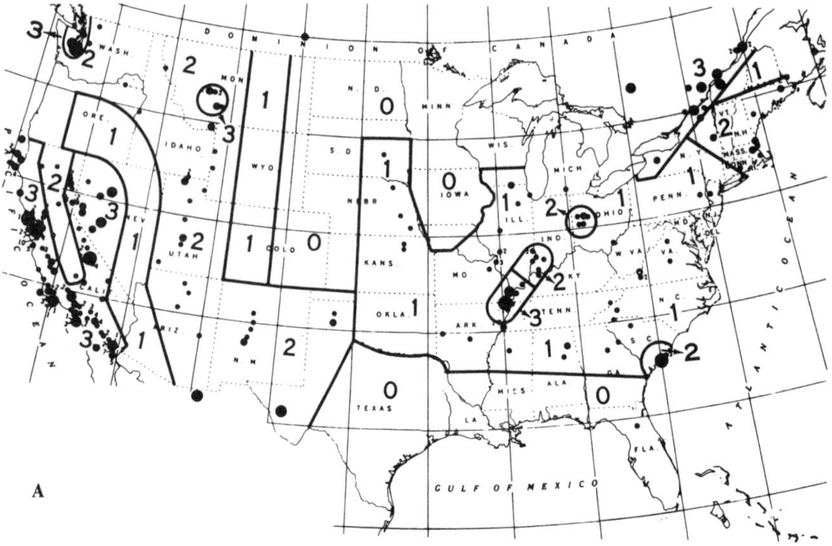

A

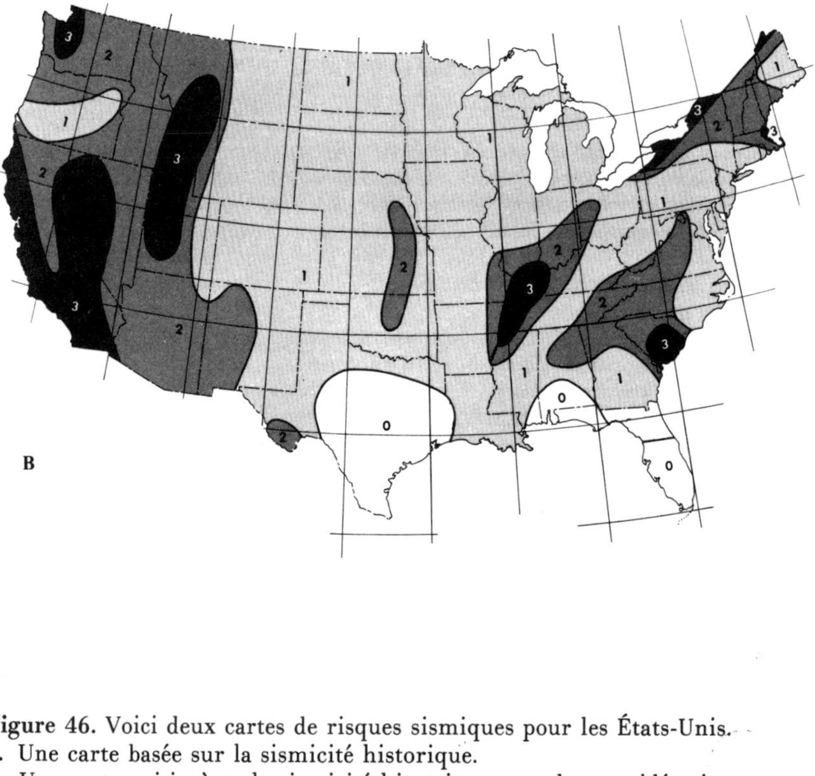

B

Figure 46. Voici deux cartes de risques sismiques pour les États-Unis.
a. Une carte basée sur la sismicité historique.
b. Une carte qui intègre la sismicité historique avec des considérations structurales. Toutes deux classent les risques de 0 à 3.

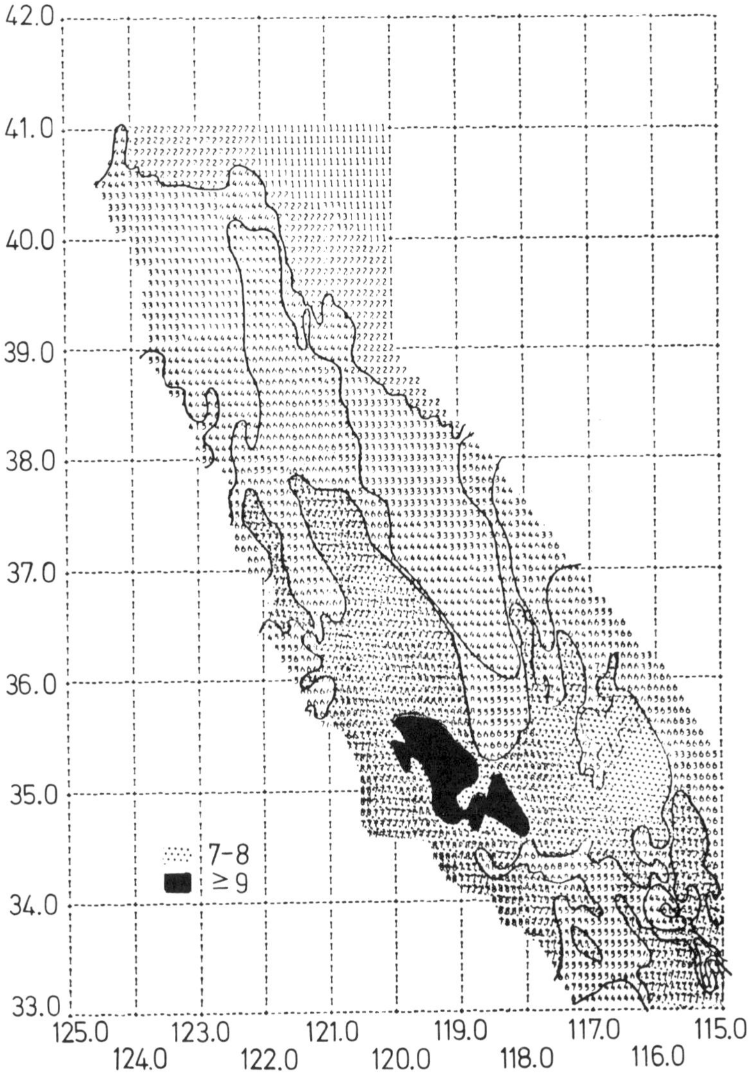

Figure 47. Voici une carte de risques calculés pour la Californie du Sud en supposant la répétition du séisme de Fort Tjan en 1857.

endroits où risquent de se localiser les séismes futurs avec pour chaque zone des magnitudes possibles. Mais on peut aller encore plus loin. A partir des enregistrements des séismes de magnitude faible, effectués dans une région donnée, il

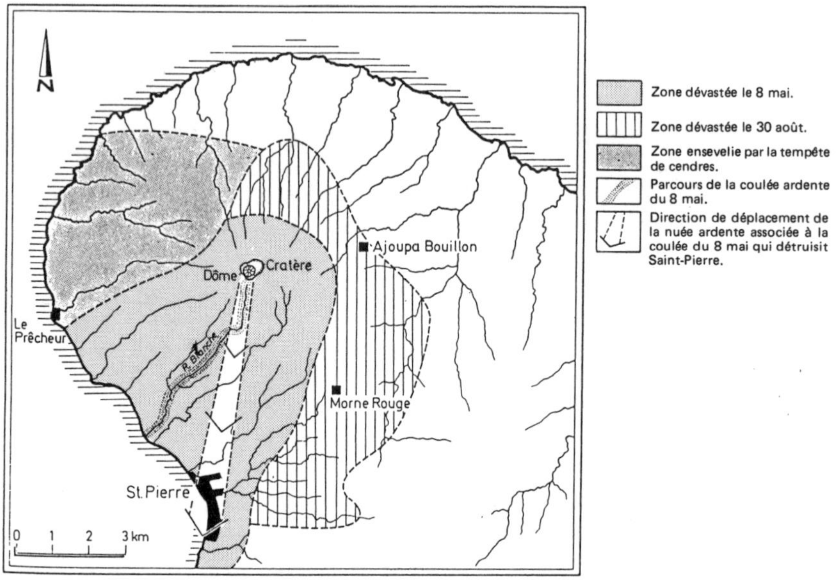

Figure 48 a. Voici la carte de la montagne Pelée (Martinique) décrivant le déroulement de l'éruption de 1902 qui finit par détruire Saint-Pierre.

est possible de calculer des cartes d'intensité prévisionnelle. Ces cartes sont naturellement fonction de la localisation et de la magnitude des sources supposées. Combinées avec les cartes de probabilité des séismes, elles permettent d'estimer des probabilités de dégâts, d'adapter les constructions à la zone considérée, voire d'établir les polices d'assurances. Les cartes de risques peuvent être dressées à diverses échelles. Pour l'ensemble d'un continent, pour une région, pour une agglomération, suivant les besoins et la nature de la menace.

Les cartes de risques et nuisances volcaniques sont beaucoup plus aisées à établir. D'abord parce que le nombre de volcans actifs (ou endormis) menaçant directement des activités humaines est limité (au maximum une centaine), ensuite parce que le modèle et l'histoire géologiques du volcan lui-même sont le plus souvent des guides extrêmement

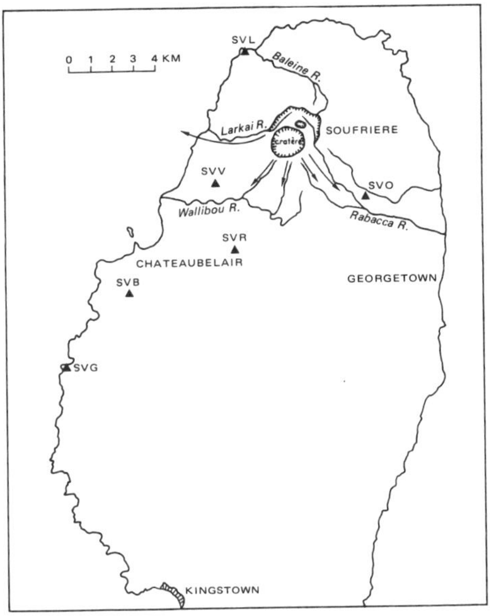

Figure 48 b. Carte de l'île de Saint-Vincent : les nuées ardentes émises en 1979 sont figurées par des flèches. On remarquera leur canalisation par des vallées.

sûrs. Il faut dans chaque cas distinguer les divers types de risques correspondant aux divers types d'activités possibles. Les éruptions avec éjection de cendres provoquent en général des nuisances tant il est vrai que des nuages poussiéreux s'étendant sur des zones habitées pendant un ou deux mois rendent la vie très difficile. Ainsi en 1964 l'économie du Costa Rica fut mise à rude épreuve par l'éruption du volcan Irazú. Ce volcan émettait chaque jour des panaches de fumée et de cendres acides qui se déposaient et corrodaient tout dans un périmètre de quelque 50 kilomètres, salissant et trouant tout aussi bien les vêtements que les carrosseries des voitures. Les touristes américains délaissaient le Costa Rica et avec eux s'évadaient les précieuses devises. Les plantations furent endommagées, les feuilles des arbres trouées. Les ménagères lavaient sans fin.

Pour ces cas, une étude météorologique précise permet de

délimiter les zones atteintes. Mais le risque n'est pas toujours de cette nature. Une éruption plinienne peut recouvrir de cendres chaudes une ville entière, comme ce fut le cas à Pompéi. La répartition des aires menacées dépend ici beaucoup moins de la direction des vents que de la distance au cratère. Des calculs prévisionnels précis peuvent aujourd'hui être effectués et permettent de délimiter les aires menacées et le degré de la menace.

Les coulées de laves, aussi bien d'ailleurs que les avalanches de nuées ardentes, s'écoulent en fonction des reliefs. Les vallées sont à la source les trajets les plus adaptés. L'Américain Perret était si sûr de cette règle qu'il assista à l'éruption de la montagne Pelée en 1929, perdu sur les crêtes protégées, pendant que des nuées ardentes s'engouffraient dans les vallées situées de part et d'autre *.

On peut donc, pour un volcan donné, prévoir assez bien les trajectoires des laves et des cendres. Naturellement la rapidité avec laquelle ces chemins seront parcourus sera très variable, suivant qu'il s'agit d'une coulée de lave (entre une dizaine et une centaine de mètres à l'heure) ou d'une nuée ardente dont la vitesse atteint 200 km/h. Naturellement le trajet va dépendre de la puissance de l'émission. Si la coulée ou la nuée est très puissante elle aura tendance à davantage négliger le relief. Naturellement enfin le lieu d'émission est déterminant. Si l'émission part des cratères existants, les scénarios envisagés ont des chances d'être respectés. Dans le cas d'une émission latérale avec création d'une nouvelle ouverture, les trajectoires seront forcément très particulières. A ces risques primaires provoqués par l'éruption proprement dite il faut ajouter ceux que l'on peut qualifier de secondaires. Dans cette catégorie les fleuves de boue repré-

* Cette attitude ne manquait pas de courage si l'on se souvient que cette même montagne Pelée avait vingt-sept ans plus tôt tué 30 000 personnes !

sentent le danger le plus important et en tous les cas celui qui a fait le plus de victimes dans l'histoire. C'est un fleuve de boue qui est responsable de la catastrophe du Nevado del Ruiz. Le mécanisme est simple. Le volcan émet des cendres. Ces dernières s'accumulent sur les flancs. Elles constituent des dépôts fragiles. Beaucoup de volcans sont d'altitude élevée et possèdent donc vers leur sommet des neiges éternelles. L'entrée en éruption signifie réchauffement, les cendres noires augmentent l'absorption solaire du sol. Les neiges fondent et mettent les cendres en mouvement. Tel fut le cas au Nevado del Ruiz en 1985, mais aussi au mont Shasta en Californie en 1926 et 1931, ou au Bezymianny au Kamchatka en 1956. Beaucoup sont situés sous les tropiques où les pluies en saison sont souvent torrentielles. La mise en mouvement des cendres et la formation de torrents de boue sont fréquentes. A l'Irazú au Costa Rica en 1963, au Mayon en 1968, de telles avalanches de boue ont fait des dégâts considérables. Le plus célèbre est sans doute le torrent de boue qui ensevelit Herculanum en quelques minutes.

Les fleuves de boue sont en général prévisibles. Il suffit d'établir une cartographie précise des dépôts de cendres, au cours de l'éruption. A partir de cela et de la morphologie du volcan, les trajets peuvent être prévus. Ils l'avaient été au Nevado del Ruiz... Ils l'ont été souvent, et souvent de nombreuses catastrophes ont été évitées... sans gloire bien sûr.

Dangereuses également sont les émissions gazeuses. Nous avons dit ailleurs que leur étude apportait peu pour comprendre les mécanismes des volcans. Nous n'avons pour l'instant aucun exemple de leur utilité pour la prévision. Pour la prévention en revanche, leur étude et celle de leurs effets est essentielle. Composés de gaz carbonique, de gaz sulfureux, d'acide chlorhydrique, ces gaz causent en effet des dégâts et des pertes humaines très graves : Katmai (Alaska)

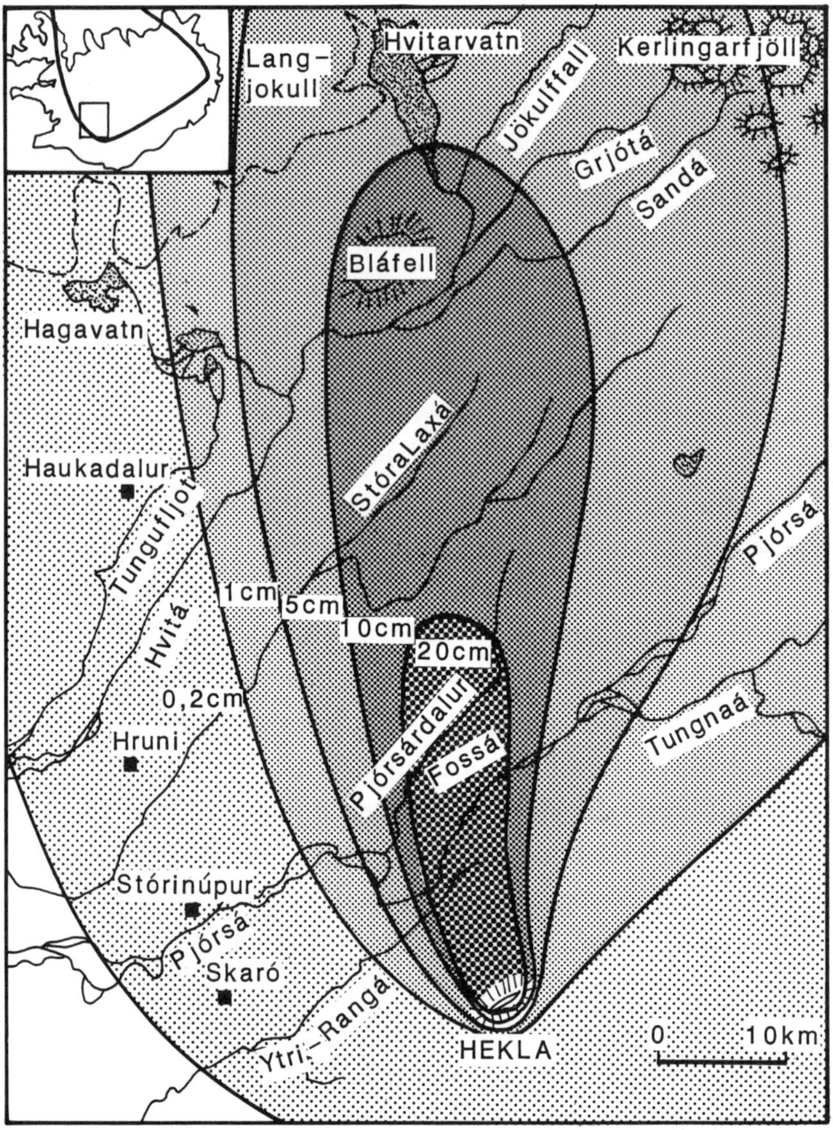

Figure 49. Carte des dépôts de cendre émis lors de l'éruption de l'Hekla en Islande.

en 1912, où les pluies acides à plus de 400 kilomètres du volcan ont provoqué des brûlures graves. Hekla en Islande en 1947, où l'émission d'acide fluorhydrique a tué des ani-

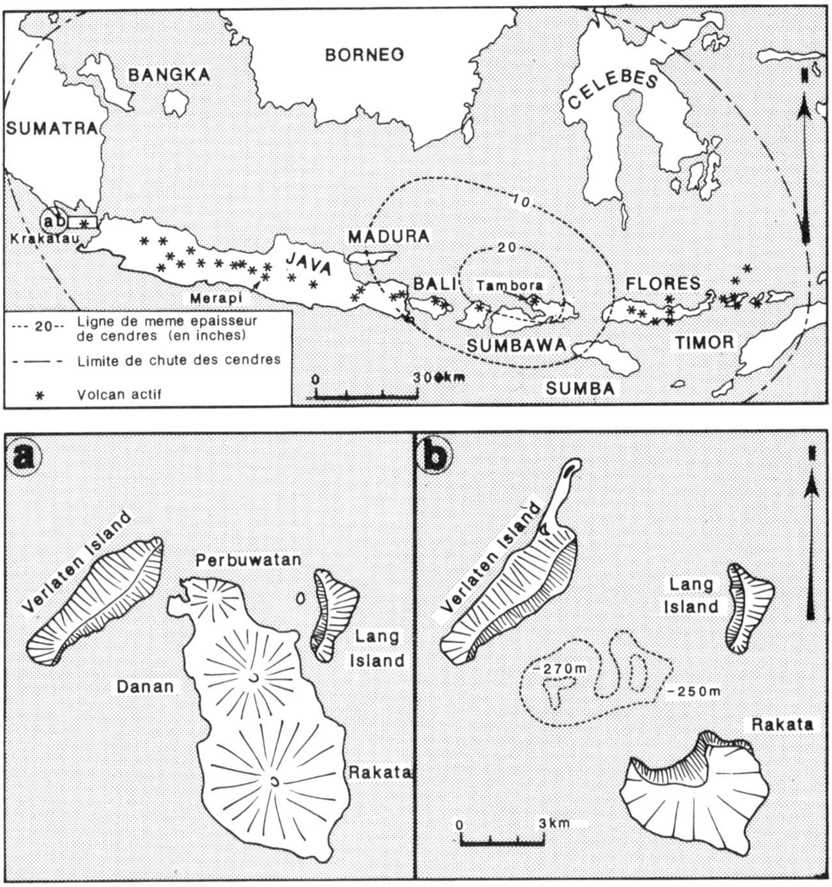

Figure 50. Deux effets comparés des deux plus grosses éruptions volcaniques de l'histoire en Indonésie. Le Krakatoa dont l'éruption détruisit une île. Le Tambora dont la chute de cendres a dépassé de beaucoup ce qui a été observé pour l'Hekla.

maux. Masaya Ninderi au Nicaragua en 1924, où les gaz ont provoqué des dégâts très graves pendant plusieurs mois. Au Cameroun en 1986, où un nuage de gaz carbonique a décimé tout un village.

La cartographie des zones menacées est souvent difficile à établir d'une manière précise. Mais, comme dans le cas des cendres, une bonne connaissance de la météorologie locale permet de circonscrire les dangers. Munis des cartes de risques, munis des annales historiques, nous possédons déjà des guides suffisants pour décider où il convient d'installer les hommes et comment.

Constructions parasismiques et prévention logistique

Contre les tremblements de terre, la prévention la plus efficace est sans conteste la construction de bâtiments et d'immeubles parasismiques. Commencé depuis des siècles au Japon avec les cloisons de papier et les armatures en bois léger, en Chine avec les architectures de toits et de plafonds dessinées suivant des règles précises, ce domaine de l'architecture s'est développé vigoureusement depuis trente ans et s'est étendu à l'urbanisme. Des recherches très importantes ont été faites pour déterminer les effets des vibrations sur les structures. Des règles de construction ont pu être testées au cours de nombreux séismes. Par exemple le séisme récent de Mexico du 18 septembre 1985 a laissé presque intacts tous les immeubles, y compris des gratte-ciel, qui avaient été construits suivant les normes parasismiques. Tokyo, atteint par des séismes de magnitude moyenne il est vrai depuis trente ans, est un laboratoire permanent pour ces constructions, comme le sont San Francisco ou Los Angeles.

Dans les pays à hauts risques sismiques, une législation stricte a été édictée et appliquée. Naturellement la construction parasismique a un surcoût d'environ 30 %. Faut-il imposer des règles de construction parasismique à des régions à risques sismiques faibles ? La question mérite d'être posée, je ne suis pas sûr qu'il faille lui donner une réponse positive systématique. Les normes parasismiques devraient s'appliquer impérativement aux Antilles et en particulier en Guadeloupe — Pointe-à-Pitre étant l'une des villes du monde les plus menacées. Sur la Côte d'Azur ou dans la région d'Aix-en-Provence la réponse est moins claire.

La prévention des éruptions volcaniques par des moyens architecturaux est techniquement possible mais pratiquement irréalisable faute de moyens financiers suffisants. Dévier les coulées de laves ou les avalanches de nuées ardentes est possible, mais il faut redécouper les pentes des volcans à chaque éruption. Sans parler de moyens plus grandioses que l'on peut imaginer dans des livres de science-fiction ou de prospective militaire. La meilleure prévention est encore de ne pas construire de villes sur les pentes d'un volcan actif ! Lorsque l'histoire volcanique l'a imposé, on peut envisager d'élargir des vallées et de les dévier de manière à canaliser les éventuelles coulées de boue ou avalanches de nuées ardentes. Des succès importants ont été obtenus par ce moyen très onéreux.

Les travaux publics et le bâtiment ne sont pas les seuls moyens de prévention à mettre en œuvre. Au moins aussi importantes sont les mesures que l'on groupe aujourd'hui sous le vocable de mesures d'environnement. Dans une région susceptible d'être sinistrée, il faut s'assurer de voies de communication larges et praticables, de l'existence d'hôpitaux hors de la zone menacée, de moyens en pompiers et d'installations d'eau efficaces, de sources de gaz et d'électricité protégées et pouvant être rapidement interrompues.

L'alerte et le cas des tsunami

On pourrait considérer l'alerte comme un moyen de prévention efficace. Mais pour les séismes la durée du phénomène n'est que de quelques minutes et l'alerte est exclue. Lors des éruptions volcaniques elle est un moyen efficace pour guider les évacuations. Le cas le plus intéressant est l'alerte au tsunami qui se pratique sur les pourtours du Pacifique.

Les grands tremblements de terre ou les grandes éruptions volcaniques, lorsqu'ils ont lieu sous l'eau, déclenchent parfois un phénomène que l'on nomme raz de marée ou tsunami, en japonais. Il s'agit de vagues gigantesques, souvent de dizaines de mètres de hauteur, qui envahissent les plages et détruisent tout sur leur passage. Ainsi en 479 un tsunami provoqué par le grand séisme de Méditerranée emporta des bateaux ancrés au Pirée sur les toits de la ville d'Athènes. En 1896, la côte de Samiku à Honshu au Japon a été ravagée par un tsunami lié à un grand tremblement de terre, 26 000 personnes ont péri. L'éruption du Krakatoa déclencha un tsunami qui ravagea les îles de la Sonde en 1883.

La cause du désastre doit être parfois recherchée très loin. Ainsi en 1964 un tremblement de terre ayant eu lieu au large de l'Alaska engendra un tsunami qui ravagea les côtes californiennes. Un autre tsunami qui endommagea la côte du Japon avait sa source au large du Chili ! L'étude de ces ondes particulières a montré qu'elles se propageaient dans l'eau à une vitesse de 800 km/h environ et que leur amplitude dépendait de la profondeur. En eau profonde un tsunami ne se distingue pas d'une vague. Près des côtes il peut atteindre plusieurs dizaines de mètres de hauteur. La forme du fond sous-marin, celle des côtes interviennent aussi et rendent difficile la prédiction détaillée des effets. Tirant profit de la « lenteur » relative de propagation, on a mis au point un système d'alerte tout autour du Pacifique. Dès qu'un grand séisme se produit, divers observatoires situés sur des îles se mettent en alerte, notent les effets de tsunami et le cas échéant préviennent les États riverains en leur indiquant l'heure et la puissance du désastre. Il est alors possible en général d'évacuer à temps les côtes menacées. Puisqu'il faut huit heures à un tsunami émis au Chili pour atteindre Hawaii, quatre heures pour faire le trajet Alaska-Californie, le système fonctionne remarquablement bien. Malheureusement, ce système ne peut être utilisé en Méditerranée, pourtant menacée et atteinte dans le passé parce que les distances sont trop courtes. Ainsi certains pensent que c'est un tsunami créé par l'éruption du Santorin qui fit disparaître la civilisation crétoise !

L'éducation permanente

Il faut avoir vu le calme des populations mexicaines au cours d'un séisme de magnitude 6 par opposition à la panique engendrée par un petit séisme volcanique en Guadeloupe pour bien comprendre l'importance de l'éducation.

Vivre dans une région à risque sismique ou vivre sur les flancs d'un volcan demande une préparation continue qui doit : commencer à l'école où une éducation scientifique minimale est relayée par des exercices d'alertes effectués régulièrement ; se poursuivre grâce à des programmes de télévision, par des exercices d'alertes dont le rythme doit être en rapport avec la gravité du danger. Un tel programme d'éducation évite la panique et les erreurs graves — comme celle qui consiste à se précipiter sur un balcon en cas de séisme —, et prépare psychologiquement les populations à affronter la crise. Il maintient ce que l'on pourrait appeler la pression démocratique. Les gouvernants, quels qu'ils soient, ont tendance à sacrifier toujours le long terme donc à négliger les mesures de prévention, l'entretien des sites d'évacuation, etc. Une population bien éduquée dans un pays démocratique obligera les autorités à une politique minimale.

Tout le monde en convient en théorie, mais bien peu le mettent en pratique. Il faut distinguer en effet deux cas bien distincts :

1. Celui des pays à hauts risques ; c'est le cas des régions à forte séismicité où l'activité volcanique ou (et) sismique est quasi permanente (Mexique et Japon), où le programme d'éducation ne se discute pas et se réalise effectivement. La question devient plus délicate pour des pays tout aussi menacés (sinon plus), comme l'Indonésie, les Philippines, le Nicaragua ou le Chili. Comment éduquer des populations éparses, dans des régions sous-équipées, souvent illettrées ? Doit-on inscrire l'éducation face aux catastrophes naturelles comme une des priorités ? Faut-il une prise en charge internationale comme l'Unesco tente de le développer ? Comment assurer une continuité de l'éducation dès lors qu'elle provient de l'extérieur ?

2. Celui des régions où les risques sont moins présents donc moins pressants. Où seules la connaissance scientifique et les annales historiques nous signalent le danger. Tel est le cas pour la ville de Pointe-à-Pitre en Guadeloupe, où la théorie des gaps prédit un tremblement de terre de forte magnitude. Doit-on appliquer un programme d'éducation ? Ne va-t-on pas affoler les populations pour un danger encore problématique ? Si le programme commençait, ne mettrait-il pas en évidence l'impréparation matérielle et les carences des constructions guadeloupéennes ?

A ces questions, les autorités locales, commissariat aux risques et ministères divers ont répondu par la politique de l'autruche. Malgré les demandes répétées de l'Institut de physique du globe de Paris.

Et la Côte d'Azur, moins menacée que les Antilles et de loin ? Ne doit-on pas pour autant diffuser une éducation de base ? au risque de faire baisser le prix des terrains et d'entrer en conflit avec des intérêts économiques divers ?

Pour le scientifique que je suis, il n'y a aucune hésitation. Dans toutes les régions menacées il faut éduquer les populations, sans ostentation, en adaptant la tonalité au degré de menace. La politique de l'autruche n'est pas admissible lorsqu'on sait qu'une éducation préventive peut sauver des milliers de vies humaines.

Pour terminer, peut-on faire un peu de science-fiction ?

Peut-on espérer qu'un jour la technique des hommes sera capable de « lubrifier » toutes les failles actives et d'éviter ainsi les séismes ? Peut-on croire que des travaux de forages préventifs effectués sur les flancs du volcan permettent à ce dernier de se dégazer, donc de désamorcer sa formidable puissance explosive ? Ce sont aujourd'hui des rêves, mais si les hommes le voulaient, ils pourraient peut-être un jour réussir l'impossible. Réussir Jules Verne. Après tout, ses lecteurs sont allés sur la Lune !

CHAPITRE VII

Aux lisières de la science

Nous venons de parcourir le domaine de la prédiction des catastrophes, ses moyens et ses limitations, ses espoirs et ses déceptions. Nous avons évoqué les moyens de prévention. Nous venons de voir que les scientifiques ont une attitude active, tenace mais aussi pragmatique, consciente, jamais résignée. Il nous faut maintenant adopter le point de vue d'une société qui doit utiliser au mieux une science encore incertaine selon un scénario optimiste aujourd'hui, peut-être réaliste demain.

L'économique domine tout

Imaginons que l'on sache prévoir les tremblements de terre avec certitude selon une fourchette de ± 3 jours. Le 14 octobre 1990, les scientifiques prévoient pour le 14 novembre, à trois jours près, un tremblement de terre de magnitude 7,2 à San Francisco. Que faire ? Évacuer San Francisco ? 2 millions de personnes vivent dans la région. Le nombre de morts pour un tel événement est estimé approximativement entre 1 000 et 10 000 personnes, soit au maximum le quart du centième de la population concernée. On évalue le coût d'une évacuation totale — arrêt du travail, évacuation, encadrement, logistique (tentes, nourriture, etc.) — à 1,5 milliard de dollars par jour. Les autorités sont aujourd'hui formelles : on n'évacuera pas. On ne peut pas évacuer San Francisco pendant une semaine. Au mieux, on videra les hôpitaux et les écoles, on coupera par quartier, totalement, l'eau, le gaz et l'électricité. On renforcera les contingents de pompiers et de policiers, on intensifiera l'éducation de la population. Mais la vie doit continuer. Doit-on prévenir la population de l'imminence de l'événement ? Une telle annonce risque de provoquer une panique générale ou des désertions massives. Pourtant dans un pays démocratique, la réponse ne fait aucun doute. Oui, il faut prévenir la population ! Les scientifiques américains pour leur part ont déjà fixé et annoncé leur attitude. Ils peuvent différer de quelques jours une prédiction qu'ils jugent sérieuse, ils ne peuvent pas la garder secrète trop longtemps. Leur responsabilité serait trop grande. Chacun a le droit de déterminer s'il met ou non en jeu sa propre vie !

Tout autre serait l'attitude des autorités si les scientifiques prévoyaient l'heure exacte, voire la journée du désastre un mois à l'avance. Dans ces conditions, l'évacuation partielle de la ville un après-midi, une journée même serait acceptable ! Le coût journalier de l'évacuation de San Francisco étant de 1,5 milliard de dollars, soit 10 milliards de dollars pour une semaine, si le nombre de morts épargnés est de 10 000, le prix de la vie humaine est donc supérieur à 100 000 dollars, mais inférieur à un million de dollars !

Ce scénario qui met en lumière la cruauté des réalités économiques et sociologiques n'est pas un cas d'école. Il y a quelques années à Sapporo, au Japon, les volcanologues surveillaient le volcan qui surplombe la ville. Ils firent savoir aux autorités locales et nationales qu'une éruption importante se préparait. Compte tenu des annales du volcan, l'émission de nuées ardentes était à craindre. Le problème posé aux autorités civiles était le suivant : devait-on évacuer, donc arrêter les aciéries et les usines en attendant la catastrophe ? Après une réunion qui rassembla le Premier ministre du Japon, le maire de Sapporo, les syndicats, industriels, scientifiques, il fut décidé de continuer le travail, en espérant que la nuée ardente épargnerait la ville laborieuse ! L'éruption eut lieu avec nuée ardente et la ville fut heureusement épargnée. Interrogées sur l'attitude qu'elles auraient adoptée si la prédiction avait été plus précise, les autorités compétentes répondirent que, si elles avaient connu le jour de l'éruption paroxysmale, elles auraient évacué la ville civile, mais ni les hauts fourneaux ni la ville industrielle.

On sait en revanche qu'à Haicheng, en Chine, on évacua avec succès près de 3 millions d'hommes, de femmes et d'enfants et qu'on les sauva d'une mort probable. Par des indiscrétions non confirmées officiellement, on sait aussi que des évacuations ont eu lieu plusieurs fois, pour rien, dans la province du Liaoning. On sait aussi par les informations en provenance de Hong Kong que la ville de Canton fut évacuée en 1976, pendant plus d'un mois, en prévision d'un séisme qui n'eut jamais lieu. Comme on le voit, les Chinois n'hésitent pas à évacuer des millions d'hommes, même pour de longues durées. Les vies chinoises vaudraient-elles plus que les vies américaines ou japonaises ? L'évacuation de la population d'Haicheng éparpillée dans les campagnes n'a pas dû coûter à la République populaire de Chine plus de 100 millions de dollars. Si l'on songe que les 3 millions de citoyens étaient menacés faute de constructions parasismiques, de précautions modernes dans la distribution de l'eau et du gaz, on peut calculer que la mesure prise démontre qu'aux yeux des autorités chinoises une vie vaut plus que 30 dollars ! On pourra donner une limite supérieure lorsque l'on connaîtra un cas de refus d'évacuation !

Nous ne voulons pas poursuivre ces évaluations économiques et en tirer des règles quantitatives qui feraient frémir. Mais la signification qualitative est claire. Lorsque la région concernée est une région peuplée à haute potentialité économique, l'évacuation longue est une solution que les autorités politiques excluent *a priori.*

Pour se rapprocher de la situation réelle actuelle, il nous faut hélas compliquer un peu le problème. La prédiction scientifique est en général loin d'être certaine. Soit, comme nous l'avons vu, parce que l'état du développement scientifique ne permet que des hypothèses — c'est le cas de la prévision des tremblements de terre —, soit parce que l'équipement de la zone menacée est limité ou que les études antérieures sont insuffisantes ; c'est le cas pour beaucoup d'éruptions volcaniques. On a coutume de dire que les prévisions « scientifiques » s'expriment en probabilités. Il y a 20 risques sur 100 qu'une éruption explosive se produise ; il y a 10 risques sur 100 qu'un tremblement de terre de magnitude 6 ait lieu à telle heure en tel endroit.

Si les scientifiques étaient capables d'exprimer leurs prédictions de cette manière, on pourrait alors décider de la conduite à tenir sur la base de ce que l'on appelle l'espérance mathématique de telle ou telle possibilité. Le calcul consisterait alors à diviser le coût de l'opération d'évacuation par la probabilité. Ce qui revient à augmenter le coût puisque la probabilité est inférieure à l'unité. Ainsi, lorsque le coût d'une évacuation est de 1 milliard de dollars mais que la probabilité du séisme n'est que de 1/3, le « coût » est alors de 3 milliards de dollars. Il faudra ensuite comparer ce chiffre à celui des vies humaines à sauver. Dans l'hypothèse où la vie humaine vaut moins de 300 000 dollars, on n'évacuera pas San Francisco, même une seule journée. Malheureusement, les scientifiques sont incapables d'exprimer leurs prédictions en probabilités. L'approche probabiliste a donné dans le domaine scientifique des résultats chaque fois que le nombre de cas étudiés est grand. Si l'on joue cinquante fois de suite à pile ou face, la probabilité d'obtenir face, soit une chance sur deux, est une bonne mesure du résultat. Lorsque l'on joue dix fois ce n'est déjà pas bon. Lorsqu'on joue deux fois la probabilité est sans signification pour prévoir le résultat. Dans cette « statistique » des petits nombres, bien des raisonnements apparemment logiques sont pris en défaut. Alors ? Alors les volcanologues doivent se *refuser* à exprimer leurs opinions en termes de *probabilité*. Ils doivent donner les possibilités et, à partir de là, laisser les autorités décider de la conduite à tenir.

Éthique et risque

La recherche scientifique s'accommode mal de voir ses travaux immédiatement mis en pratique alors même qu'ils ne sont qu'à l'état d'ébauche, d'expériences ou d'hypothèses de travail. Les plus impressionnantes découvertes sont séparées de leurs applications par des décennies. Entre la première pile atomique de Fermi en 1939 et la première centrale nucléaire, il s'est écoulé trente ans. Entre la découverte du laser et son utilisation courante, vingt ans. Entre la naissance de la biologie moléculaire et les premiers travaux de génie génétique, vingt ans encore. Dix ans entre la découverte de l'effet transistor et les postes de radio portatifs.

Trente ans entre le premier ordinateur expérimental de Von Neuman et les premiers IBM commerciaux, etc.

On peut alors dans chaque cas décomposer le mouvement. Découverte fondamentale, conception des applications, développement technologique, industrialisation. Le public bénéficie des découvertes sans les attendre, sans rien exiger, tout naturellement.

Pourtant dans certains domaines il n'en est pas ainsi. En économie, bien sûr, où chaque recherche, aussi théorique soit-elle, devrait expliquer le pourquoi des crises, résoudre le problème du chômage ou de l'inflation, prédire la prochaine chute du dollar. En médecine surtout, où dès qu'une découverte même partielle est faite, on souhaiterait guérir toute la planète. Chacun peut vivre l'épisode du sida, la découverte des virus par les Français et les Américains, les conflits de priorité, les tests de dépistage, la pression pour découvrir un vaccin, la pression pour le commercialiser avant même qu'il soit au point. Chacun se souvient aussi de l'intervention intempestive d'une responsable politique dans un problème de recherche sur le cancer. On se souvient moins d'un cas aussi douteux où un responsable scientifique décida de financer des recherches paramédicales, fort décriées et qui s'avèrent futiles, avec de l'argent public. La chronique des découvertes médicales en est remplie.

Avec la prévision des catastrophes telluriques, les géosciences font leur apprentissage dans ce domaine. Elles le font à un moment où l'omniprésence des médias ne rend pas la situation facile et dans des conditions très spécifiques.

Lorsque les chercheurs américains de Lamont et de Caltech travaillaient sur la méthode VP-VS de prédiction des tremblements de terre, leurs prédictions, faites avec une méthode encore expérimentale, étaient annoncées à la presse, abondamment diffusées et commentées. Beaucoup de scientifiques furent choqués par cette attitude, nouvelle pour la profession. Ils auraient souhaité que les chercheurs travaillent pendant plusieurs années dans le silence, testent leur méthode, réservent leurs résultats aux réunions et aux revues spécialisées et ne se lancent dans la prédiction publique que postérieurement. Attitude que l'on peut juger être celle qui correspond à la rigueur si ce n'est à l'éthique scientifique. Les séismologues concernés déclarèrent qu'ils ne pouvaient pas garder par-devers eux une information susceptible de sauver des vies humaines. Qu'aurait-on dit si un tremblement de terre avait tué 1 000 personnes et qu'on apprenne le lendemain qu'il avait été « prévu » par la méthode VP-VS mais qu'on avait gardé la prévision secrète ? De toute manière, disent-ils, tout se sait. Si nous avions voulu réserver ces résultats aux seuls scientifiques, cela se serait su, aurait été mal transmis, mieux valait que l'expert s'explique lui-même. Poursuivant sur la même ligne de la démocratie directe, ils ajoutent que, d'ailleurs, le citoyen qui finance une recherche a le droit de savoir. Grâce aux annonces publiques, il peut juger lui-même.

Lors d'une éruption volcanique, à côté des méthodes traditionnelles de sismologie et d'inclinométrie, on se propose de tester la méthode magnétique. Les roches soumises à des contraintes au laboratoire émettent des signaux magnétiques ; pourquoi ne pas imaginer que des roches soumises à la pression d'une chambre magmatique vont aussi émettre de tels signaux ? Pourtant, au moment où l'éruption bat son plein, où l'on se demande si l'on va basculer dans une phase cataclysmique ou non, le magnéticien qui enregistre des signaux depuis le début de la crise voit son magnétogramme changer d'allure. « Il se passe quelque chose », dit-il. Il échafaude vite une explication possible ; peut-il garder cette information secrète et poursuivre méthodiquement son expérimentation, attendre que sa méthode soit bien testée, avant même d'en parler ? La sagesse scientifique lui indique de le faire. La sagesse humaine lui dicte au contraire de faire connaître l'état de ses découvertes à ses collègues d'autres disciplines, afin qu'ils voient si le changement de régime magnétique peut être corrélé avec leurs propres observations et s'il peut donc être dès à présent utile. Qui n'a pas vécu l'excitation intellectuelle et physique qui enveloppe une équipe de scientifiques travaillant sur un volcan en éruption s'étonnera de tant de précipitation ! Pourtant l'expérience répétée plusieurs fois montre que le magnéticien choisit la seconde solution qu'il soit français, américain ou japonais. Il faut aussi savoir que cette intrusion jettera le trouble dans les esprits, plus qu'elle ne contribuera à la solution du problème, mais c'est ainsi.

Comment le scientifique doit-il se comporter face à ces responsabilités ? Quel statut la société doit-elle donner aux scientifiques et, à travers eux, quel crédit doit-elle accorder à la connaissance ?

Ces problèmes dépassent notre cas particulier : pourtant les catastrophes telluriques offrent un exemple intéressant susceptible, nous semble-t-il, de nourrir utilement le débat.

Intuition initiale, recherches, découverte, applications, telle est la séquence normale de progression de la science. Elle semble aussi logique qu'immuable, et pourtant elle peut se trouver bousculée dès lors que la science aborde la frontière des questions qui intéressent la vie des hommes.

Peut-on attendre qu'une théorie soit complètemnt testée, absolument démontrée avant de tenter de l'appliquer à un cas pratique de prédiction d'une éruption volcanique ou d'un tremblement de terre, lorsque des milliers ou des millions de vies humaines sont en jeu ? La rigueur scientifique est-elle intangible lorsque des options si tragiques sont en jeu ?

Mais si la moindre idée scientifique, non étayée par des calculs ou des observations solides, est utilisée immédiatement et à égalité avec d'autres méthodes de prédiction plus éprouvées, bien qu'elles aussi incertaines, cette attitude va introduire bien des troubles : une confusion dans les esprits, notamment dans ceux des responsables politiques qui ont à prendre des décisions critiques de protection ou de prévention, dans l'esprit du public qui rapidement ne saura plus à quel « saint se vouer », des habitudes de perte de rigueur chez les scientifiques qui conduiraient rapidement à l'abandon pur et simple de la démarche scientifique elle-même au profit de ce que l'on pourrait appeler une loterie sur l'issue des phénomènes naturels avec comme enjeu des millions de vies humaines.

Pourtant il faut savoir qu'aujourd'hui ces deux attitudes extrêmes coexistent dans les faits et dans l'esprit des hommes. Certains se lancent dans des prédictions spectaculaires sans fondement, d'autres se refusent à donner un avis ou même à communiquer des informations au nom d'un rigorisme scientifique qui dans la circonstance est bien confortable. Le tout dans des ambiances qui, au moment des crises, mettent en jeu des pouvoirs publics, des hommes politiques et des médias dont le rôle est quoi qu'on en pense fondamental dans toute crise volcanique ou sismique.

Il ne m'appartient pas de définir des règles de bonne conduite définitives. Je n'ai ni la volonté ni la qualité pour le faire. Mon but est plus modestement de contribuer à ce débat important, en faisant part de mes réflexions de scientifique ayant eu à exercer des responsabilités dans des événements à risques.

Scientifiques, politiques et médias

Le premier problème est celui des rapports entre les scientifiques et le pouvoir politique. Seul le pouvoir politique est habilité à prendre les décisions touchant les populations, comme celui d'évacuer ou de ne pas évacuer, celui de développer les ouvrages d'art de protection ou non, etc. Seul il peut déclencher ou non des exercices d'alerte, un programme d'éducation ou de mobilisation des populations, seul il peut proposer des lois de prévention, comme celle afférente aux assurances des biens et personnes. A partir de là le problème paraît simple. Les (ou le) scientifiques responsables font connaître leur avis motivé, le pouvoir politique informé de ces avis, mais tenant compte aussi de considérations multiples, psychologiques, sociologiques, politiques, décide de la conduite à prendre, des lois à faire voter, de règlements à édicter.

Dans le domaine de la prévention, il faut que les pouvoirs publics aient dans leurs services techniques des spécialistes des questions sismiques et volcaniques qui fassent le lien avec le monde de la recherche et contribuent à faire prendre les mesures nécessaires.

En période calme, les scientifiques communiquent leurs études, leurs prévisions, leurs recommandations. Lorsque les pouvoirs publics tiennent compte de ces avis et prennent les mesures nécessaires, tout va bien. Lorsque, et c'est hélas parfois le cas, ils « réfléchissent »... Que faire ? Déclencher des campagnes de presse serait peut-être la voie la plus démocratique et efficace. Certains ne s'en privent pas. Mais peut-on le faire alors que la science est souvent incertaine dans ses diagnostics ou ses prévisions ?

En matière de prévention, comment faire connaître que telle zone est menacée sans spolier les propriétaires des sols, voire avantager d'éventuels acheteurs peu scrupuleux ? Comment faire connaître des prédictions incertaines lorsqu'on sait qu'elles seront utilisées par des compagnies d'assurances et auront donc des retombées économiques importantes ?

Dans le cas de la prédiction proprement dite, le problème est encore plus aigu. Si l'état de la science permettait que le diagnostic des scientifiques soit au niveau d'une technique fiable permettant ainsi des évaluations du style : « Il est probable qu'il se produira une éruption volcanique dans trois jours et qu'elle sera accompagnée de violentes projections de pierres... », ou bien : « Il est probable qu'un séisme de magnitude 7 se produira jeudi à tel endroit », alors le problème serait simple. Si les prévisions pouvaient se chiffrer en probabilités, il serait possible d'entrevoir des solutions dans le cadre des schémas décrits. Malheureusement, les estimations scientifiques sont aujourd'hui beaucoup moins précises et elles varient très vite avec la progression des découvertes.

En cas de crise, la seule solution est d'associer le scientifique à l'élaboration du processus de décision en lui faisant jouer son rôle, mais en l'informant de toutes les autres composantes de cette décision. Il appartient alors au scientifique d'expliquer ce qu'il sait et d'indiquer clairement les limites de ses connaissances. Il n'est pas facile d'affirmer que la science sait peu face à des militaires, des ingénieurs civils, des pompiers dont le respect de la connaissance est plus développé que l'on ne croit. Il faut aussi faire passer le message délicat que tel et tel scénarios sont impossibles mais, en revanche, quatre ou cinq autres sont également possibles. La science consiste alors à dénombrer les combinaisons des événements possibles. Mais si l'estimation scientifique est si subjective, comment le responsable politique doit-il se comporter ? Faut-il choisir un seul responsable scientifique ou au contraire en mettre en piste deux ou même trois pour recouper ce qui ne peut alors être au mieux que des interprétations ?

Les experts aujourd'hui semblent d'accord sur une formule du porte-parole scientifique unique. Ce porte-parole synthétise l'opinion des scientifiques qui, elle, s'élabore d'une manière collégiale. Lorsque des divergences scientifiques majeures se font jour au sein de l'équipe scientifique, il a le devoir d'en informer ses interlocuteurs politiques et même de dire, de préciser l'origine de ces divergences. La raison de ce choix est simple. Il n'est pas sérieux de faire « choisir » entre des opinions diverses, sans que ce choix relève d'un spécialiste. Le contraire reviendrait à nier l'essence même de l'argumentation scientifique. L'État de Californie a ainsi constitué un groupe d'experts sismologues, destinés à conseiller le gouverneur de l'État sur tous les problèmes concernant les risques sismiques. Seul le *chairman* est habilité à transmettre les opinions au comité. C'est une organisation analogue qui fonctionne à chaque crise volcanique en Islande, où le chef scientifique de l'équipe de crise transmet seul les avis scientifiques motivés aux autorités de l'État. Ce sont là deux exemples que nous donnons, pour deux régions particulièrement sensibles où ce système fonctionne effectivement depuis de nombreuses années déjà sans incident notable. Il en est de même au Japon.

Ces dialogues entre scientifiques et gouvernants s'effectuent d'abord sur des bases confidentielles. Le fait qu'une élévation du sol de 30 millimètres en un an se produise à Palmdale sur la faille de San Andreas est d'abord une information * donnée au gouverneur de Californie et au président des États-Unis (au vice-président en l'occurrence). Le fait que de petits séismes apparaissent depuis six mois sous la montagne Pelée est d'abord communiqué aux autorités civiles françaises locales et métropolitaines. Mais après cette première annonce, et en particulier lorsque les autorités ne font rien, faut-il garder secrètes des informations scientifiques qui recèlent une telle menace potentielle pour les vies humaines ?

Pour les scientifiques universitaires américains dont le statut est de droit privé, aucune hésitation. Après un temps de latence assez bref, quelques jours à quelques semaines au plus suivant les cas, ils informent le public par voie de presse, sans alarmisme, mais en présentant les faits, et les scénarios possibles. Ainsi ont-ils fait pour tous les séismes qu'ils ont prévus ou non. Ainsi ont-ils fait pour le mont Saint-Helens ou le volcan californien en réveil, Mamoth Lake.

Mais pour les scientifiques travaillant pour le gouvernement, sont-ils soumis comme tels au « devoir de réserve » ? C'est le cas des scientifiques universitaires dans beaucoup de pays et en particulier en France. A cette question difficile, je répondrai que les scientifiques doivent faire passer la vérité avant tout. S'il en était autrement, l'argument serait suffisant à mes yeux pour demander la privatisation des Universités. Si le mot de franchise universitaire a un sens il doit s'appliquer ici avant tout ! Mais, qui plus est, les scientifiques doivent faire en sorte que leur avis ne soit pas déformé, utilisé ou masqué pour des raisons parfois honorables mais que nous ne pourrions admettre. Les réunions d'experts doivent se conclure par un compte rendu écrit approuvé par

* Qui s'avérera d'ailleurs douteuse.

tous. Après les réunions avec les autorités civiles, les responsables scientifiques doivent confirmer par écrit leur avis et un archivage complet de ces avis doit être rendu public avec quelques jours de délai. La science ne peut ni ne doit cacher son visage. Il n'y a pas ici comme en médecine de questions personnelles qui justifient le secret professionnel. Chacun doit pouvoir être informé et en dernier ressort décider de sa propre vie. Tous les habitants d'une zone menacée doivent pouvoir être informés !

Avec ce problème d'information, nous touchons la question des relations avec les médias et là encore bien des écueils sont à éviter. Commençons par une étude comparative de cas réels. Tous deux ont pour cadre les petites Antilles. Tous deux se sont produits dans un intervalle de temps réduit.

En 1976, en Guadeloupe, se produisit le réveil de la Soufrière. Le nombre des séismes journaliers ayant crû progressivement pour atteindre un facteur 1 000 par rapport à la normale, le préfet décréta l'évacuation du voisinage immédiat du volcan, soit 75 000 personnes. Des déclarations intempestives d'un volcanologue, trop pénétré par l'histoire tragique de la montagne Pelée en 1902, attirèrent là une centaine de journalistes de nationalités variées.

Dans une ambiance surexcitée d'attente de l'événement apocalyptique annoncé, le travail de surveillance scientifique du volcan s'amorça sous l'observation permanente de la presse. Les médias avaient en effet accès à tout. Au volcan, aux installations scientifiques, aux scientifiques compétents (il y en avait peu), comme aux aides techniques, ou aux aides de fortune auxquels on avait fait appel pour pallier une carence dans la préparation Les communiqués de presse alarmistes succédant aux émissions télévisées catastrophistes, la fièvre atteint rapidement des niveaux élevés. La chasse à l'information de cent journalistes, aussi excités par l'inhabituel qu'avides de scoop conduisit toute l'équipe scientifique à s'adonner aux délices de l'interview. Le moindre aide technique donnait ses prédictions dans tel journal, l'élève de troisième cycle débutant se racontait devant les chaînes de télévision nationales, les efforts des responsables scientifiques pour réorganiser la surveillance du volcan étaient facilement interprétés comme des obstacles au droit à l'information. Là-dessus, comme c'était à prévoir, les divergences sur l'attitude à tenir se firent jour dans le camp des scientifiques et rapidement occupèrent le devant de la scène. Les médias, déçus de ne pas voir leur volcan exploser, se reportèrent sur ces polémiques navrantes, leur donnèrent une publicité excessive, ne contribuant pas ainsi à étouffer une péripétie au demeurant très secondaire.

Le volcan n'explosa pas. On mit fin à l'évacuation assez tardivement et le bruit de l'événement fut recouvert par la mort de Mao Tsé-toung !

Jugeant quelques années plus tard l'épisode de la Soufrière, désormais classique dans les annales volcanologiques, l'Américain Dick Fiske qui avait vécu personnellement toutes les phases de l'événement disait : « Tout le désordre qui eut lieu à la Soufrière est finalement la faute des journalistes. Leur accès sans limites à toutes les informations et à toutes les personnes, leur manque de sérieux dans la publication d'informations ou d'opinion de personnes irresponsables ont été à l'origine du bruit excessif fait autour de divergences d'opinion, au demeurant bien normales et bien habituelles chez les scientifiques. » Il concluait par la nécessité d'une réglementation stricte des contacts entre scientifiques et journalistes.

Deux ans et demi plus tard, dans une petite île voisine, un autre volcan portant lui aussi le nom de Soufrière entrait en éruption, c'était à Saint-Vincent, au printemps 1979. La Soufrière de Saint-Vincent est surveillée à distance par une équipe scientifique basée à Trinidad. Un vendredi soir, dans ce laboratoire lointain, alors qu'on fêtait un anniversaire, un ingénieur remarqua par hasard que les sismographes de Saint-Vincent s'agitaient anormalement. L'équipe aussitôt mobilisée constata un accroissement sensible d'activité. Quelques heures plus tard, le Premier ministre de Saint-Vincent, prévenu par téléphone, décréta au milieu de la nuit l'évacuation de toute la zone menacée. Les habitants commençaient d'ailleurs à la déserter, car des grondements menaçants émanaient du volcan. La célérité de la décision eut ici une conséquence heureuse. A l'aube les premières nuées ardentes étaient émises, brûlant tout sur leur passage mais sans pertes humaines. Mais le volcan ne s'arrêtait pas là, et l'éruption battait son plein, faisant alterner explosions et nuées ardentes.

Les journalistes étrangers arrivèrent en nombre, mais moins nombreux tout de même qu'en Guadeloupe. Les autorités civiles et scientifiques instruites par les événements de la Guadeloupe avaient pris des dispositions draconiennes. La zone dangereuse était interdite aux journalistes. Les installations scientifiques étant situées à l'intérieur de la zone, elles étaient aussi interdites à la presse. Les scientifiques étaient donc coupés de tout contact avec celle-ci. Les informations étaient données par un officiel du gouvernement après avoir été soigneusement examinées par les scientifiques et les responsables administratifs. Un journaliste ayant menacé d'écrire qu'à Saint-Vincent l'information n'était pas libre, il fut autorisé à visiter la zone sinistrée. Le lendemain, on le mit dans le premier avion quittant l'île...

Le fait est que l'on parla peu de l'éruption de la Soufrière de Saint-Vincent, que les scientifiques purent faire leur travail dans des conditions tout à fait satisfaisantes et qu'au total cette éruption laissera moins de traces dans la mémoire collective que la « fausse éruption » de la Soufrière de la Guadeloupe. Dick Fiske relate ces mesures prises à Saint-Vincent avec satisfaction et propose de généraliser un système d'informations qui n'en est pas très éloigné.

Pour ma part, je pense que les deux cas sont à éviter. Filtrer soigneusement l'information à une presse souvent peu qualifiée scientifiquement pour recevoir une information brute est une attitude qui peut se comprendre. Elle n'est pas saine car c'est le début de la prééminence des experts, la possibilité de manipulations et pour tout dire le début d'une attitude totalitaire.

Accepter que la presse publie n'importe quelle information, venant de n'importe quelle personne liée de près ou de loi au système scientifique, est une attitude dangereuse. Faire de la presse incompétente en la matière un arbitre des divergences entre scientifiques c'est accepter que le débat ait lieu sans argument scientifique, c'est donc une attitude dangereuse pour la survie de la science mais aussi et surtout pour la survie des populations.

Il faut trouver un juste milieu. La presse a droit à l'information. En cas de crise grave mettant en jeu des milliers de vies humaines, elle a même le droit de savoir s'il existe des divergences d'opinions majeures entre scientifiques ou, ce qui peut arriver aussi, des différences d'appréciation de la situation entre les scientifiques et l'administration. Mais cette information ne peut être donnée que par des scientifiques qualifiés et après avoir débattu entre eux des problèmes posés. La qualification d'un scientifique ne peut être jugée que par des scientifiques sur des critères scientifiques. La presse n'a pas vocation à décerner des lauriers scientifiques.

Lorsqu'elle se laisse aller à ce penchant, elle outrepasse ses droits, elle s'affaiblit elle-même, elle crée des marginaux de la science ou des mystagogues. Il faut que scientifiques et journalistes apprennent à vivre ensemble. C'est l'une des nécessités les plus importantes du monde de demain qui sera, quoi qu'on veuille, dominé d'une part par l'importance de la science et de la technique, d'autre part par les moyens médiatiques.

L'apprentissage de cette vie commune ne peut se faire à l'occasion d'une grande crise sismique ou volcanique, elle doit se préparer, j'allais dire en temps de paix, je veux dire en période calme. Chacun doit apprendre à connaître l'autre, à respecter l'autre et à comprendre ses contraintes respectives. Chacun doit aussi suivre un certain nombre de règles de bonne conduite. Le scientifique doit d'abord obéir à ses propres lois. Il peut donner la primeur de ses recherches à la presse, pour des raisons humanitaires, mais il doit savoir qu'elles ne seront reconnues par les scientifiques que lorsqu'elles seront dûment publiées, lues et acceptées par la presse scientifique. Pour faire respecter cette règle, celle-ci doit être intraitable sur ce qui paraîtra puéril au profane, c'est-à-dire le refus de considérer un communiqué de presse comme la date d'antériorité d'une découverte. Malgré des tentatives nombreuses, aussi bien lors de l'exploration lunaire, des transplantations cardiaques, des expériences dans les gros accélérateurs ou en génie génétique, la communauté scientifique a jusqu'ici repoussé une pratique qui lui serait mortelle. Mais il faut aller plus loin, il faut savoir qu'à l'inverse une déclaration de la presse engage la responsabilité professionnelle de celui qui la fait, puisqu'elle est faite par un scientifique en tant que tel. Ces deux garde-fous paraissent pour l'instant des garanties suffisantes.

Le journaliste, de son côté, doit vérifier la qualité de ses sources, savoir distinguer entre un militant écologiste professeur de mathématique parlant de danger nucléaire et un professeur de physique nucléaire parlant du même sujet. Il doit se documenter un peu sur le sujet qu'il traite. Il faut bien comprendre que, dans beaucoup de cas, notamment aujourd'hui dans le domaine de la prévision des tremblements de terre ou des éruptions volcaniques, il n'existe pas une vérité scientifique, vraie et absolue. Il existe une certaine connaissance avec ses limites. Ce qui ne signifie pas pour autant que, lorsque la science n'est pas certaine d'une évolution, elle ne sait rien, et donc qu'on peut raconter n'importe quoi. « Les experts ne sont pas d'accord alors allons-y ! » En bref, les problèmes ne sont pas plus faciles pour ceux dont la science n'est pas le métier !

Il appartient aux médias eux-mêmes de penser ce problème et de le penser sérieusement, car il ne fait pas de doute que chacun doit améliorer son comportement dans ce domaine !

Il faut aussi que scientifiques et journalistes adoptent des règles de comportement en cas de crise. Les scientifiques doivent accepter de consacrer une partie de leur temps à l'information. En contrepartie, les journalistes doivent s'efforcer de ne pas gêner par une demande excessive un travail scientifique souvent épuisant. Une bonne formule est la méthode du *briefing* : débat entre scientifiques des résultats de la journée, exposé à la presse. Lorsque des divergences majeures existent entre scientifiques, elles doivent être mentionnées.

Les scientifiques doivent être préparés à résister à la tentation du sensationnel. Les journalistes doivent éviter d'utiliser leur pouvoir d'attraction pour soutirer des informations à des personnes ayant un niveau non adéquat.

De telles pratiques raisonnables où chacun a trouvé sa place existent désormais en Islande, à Hawaii ou même chez nous à la Réunion. Des éruptions volcaniques y sont fréquentes, les incidents médiatiques sont désormais rares. Les journalistes locaux connaissent « leur » volcan, « leur » observatoire, « leurs » scientifiques. Une confiance réciproque s'est établie. Dans le domaine sismologique, la situation progresse aussi. En Californie, où le passé avait mis en lumière des difficultés importantes, les années récentes ont été marquées par des progrès exemplaires. Depuis plusieurs années déjà, les responsables du laboratoire de sismologie du California Institute of Technology ont décidé d'annoncer publiquement leurs prévisions de séismes et de commenter systématiquement les séismes qui se produisent dans cet État ou ailleurs. Pour réaliser ce programme, ils ont fixé une règle simple d'apprentissage des scientifiques à la communication médiatique. Les étudiants faisant leur thèse apprennent à parler aux médias comme on apprend à faire un exposé scientifique. En fin de thèse, ils parlent « en vraie grandeur », devant les stations locales ou les journalistes locaux, en présence d'un professeur ; on commente l'entretien après coup. Les assistants professeurs parlent devant les télévisions californiennes. Lorsque le séisme est important, ce sont les chercheurs confirmés qui commentent l'événement ou annoncent les prédictions sur les médias nationaux. Dans chaque cas, les scientifiques s'astreignent à donner des informations précises, documentées, tout en en soulignant les limites.

Petit à petit la presse californienne, d'abord un peu sceptique, voire critique à l'égard des sismologues, est devenue de plus en plus enthousiaste pour cette expérience. Aujourd'hui, les journalistes et la population comprennent les efforts des sismologues, mais aussi les limites de leurs méthodes. Ils sont devenus populaires et chacun leur pardonne les prévisions manquées car ils savent qu'ils ne progressent que lentement, que leurs communiqués ont permis d'éduquer les populations et qu'un jour ou l'autre cette attitude, patiente, honnête, ouverte, franche et optimiste sauvera des millions de vies humaines. Ils y reconnaissent une attitude difficile mais courageuse.

L'affaire de la Soufrière

L'affaire de la Soufrière date aujourd'hui de plus de dix ans. Sans elle, aurais-je écrit ce livre ? Sans elle, aurais-je été à même d'apprécier toutes les implications d'une crise tellurique majeure ? Sûrement pas. Sans elle, je n'aurais peut-être pas mis une application scrupuleuse à doter l'Institut de physique du globe de Paris d'observatoires volcaniques parmi les mieux équipés du monde et à faire éclore en son sein une équipe de volcanologie physique de premier plan.

Alors pourquoi ne pas exposer, expliquer, décrire une affaire qui a défrayé la chronique à la fin de l'été 1976 et dont j'ai été l'un des principaux témoins et acteurs ?

M'étant abstenu pendant mes dix années de direction de l'Institut de physique du globe de répondre à des affirmations pourtant odieuses et mensongères émanant toujours d'un seul et unique personnage, n'est-ce pas le moment aujourd'hui de rompre le silence comme me le conseillent certains collègues et certains amis ?

J'aurais sans doute beaucoup à dire, même si dix années ont estompé bien des émotions et lissé beaucoup de jugements. Sur la manière dont Haroun Tazieff sait utiliser les hommes politiques et les médias pour être à la fois à l'intérieur d'un système et le critiquer de l'extérieur ; l'Institut de physique du globe n'a d'ailleurs pas eu l'exclusivité de cette attitude comme on aura pu le constater. Sur l'état de médiocrité scientifique dans lequel se trouvait la volcanologie française à l'époque ; ceux qui en étaient alors les fleurons et les espoirs ont eu dix ans pour étaler leur médiocrité. C'est fait. Leur relève plus solide a été assurée efficacement et sans bruit. Sur l'exercice difficile du métier de gouverneur, oh pardon ! de préfet en Guadeloupe, soumis aux pressions multiples d'un ministre de l'Intérieur ambigu, de certains propriétaires de bananeraies arrogants et cupides, de politiciens aussi agités qu'indécis, balançant entre son désir de faire porter le chapeau aux scientifiques et le sens énarchique de son devoir. Bref, tout ce qu'on peut imaginer dans un département français sous-développé, mal préparé, sur qui pesait le poids de l'histoire de la montagne Pelée en 1902 et ses 30 000 morts et celui de l'instabilité sociologique liée à sa géographie. Tous ces sujets, pour importants qu'ils puissent être, ne relèvent pourtant pas de mon propos.

Le temps ayant largement validé mes analyses et mon action d'alors, l'écriture d'un livre d'humeur était sans objet. Cet essai n'est pas davantage un recueil de souvenirs. L'époque n'en est pas venue pour moi.

Les enseignements importants de mon expérience de cette affaire ont été utilisés ici et là, lorsqu'ils avaient une portée générale. Cela fait comment aurais-je pu à mon tour mêler la volcanologie à des anecdotes très subsidiaires et rechercher des effets faciles d'où la science aurait été absente ? C'eût été aller à contre-courant de l'esprit même de cet essai.

La science liée aux catastrophes telluriques s'extrait rapidement de la démarche diafoirienne, tournons le dos à un passé révolu et cherchons plutôt à aider cette émergence en y sensibilisant l'opinion et en s'efforçant d'attirer vers cette discipline en pleine expansion de jeunes esprits de talent.

Annexes

Morts au cours des éruptions volcaniques
suivant les divers types de menaces
depuis le XVIIe siècle

Coulées de laves	1 000	
Projection et chutes de cendres	11 000	4 %
Nuées ardentes	55 000	21 %
Coulées de boues	40 000	15 %
Tsunamis	44 000	16,5 %
Séismes induits par l'activité volcanique	100	
Gaz et pluies acides (en y incluant l'accident du Cameroun)	1 200	
Causes secondaires (maladies, famines, etc.)	110 000	42 %
	262 300 *	

Éruptions volcaniques
ayant provoqué la mort de plus de 8 000 personnes
depuis le XVIIe siècle

Nom du volcan	*Date*	*Nombre de morts*
Laki (Islande)	1783	9 350
Unzeu (Japon)	1792	14 300
Tambora (Indonésie)	1815	92 000
Krakatoa (Indonésie)	1883	36 417
Montagne Pelée (Martinique)	1902	29 025
Nevado del Ruiz (Colombie)	1985	23 000

Nombre de morts par suite d'éruptions volcaniques
classées par régions depuis le XVIIe siècle

Indonésie	161 000	60 %
Caraïbes	31 100	11 %
Amérique du Sud	28 000	10 %
Japon	19 000	7 %
Islande	9 500	
Philippines et Papouasie	7 000	13 %
Amérique centrale	5 500	
Bassin méditerranéen	4 000	
Autres régions	2 000	
	267 000	

* Le total est légèrement différent du total donné au chapitre II par suite d'un mode un peu différent de calcul.

Les séismes remarquables dans le monde

Date année	*Temps universel jour mois*	*Région*	*Nombre de morts*	*Magnitude*	*Observations*
1667	novembre	Chémaka, Caucase	80 000		
1693	11 janvier	Catane, Italie	60 000		
1737	11 octobre	Calcutta, Inde	300 000		
1755	7 juin	Perse septentrionale	40 000		
1755	1 novembre	Lisbonne, Portugal	70 000		Grand tsunami
1783	4 février	Calabre, Italie	50 000		
1797	4 février	Quito, Équateur	40 000		
1819	16 juin	Cutch, Inde	1 543		
1822	5 septembre	Alep, Syrie	22 000		
1828	18 décembre	Echigo, Japon	30 000		
1868	13 août	Pérou et Bolivie	25 000		
1868	16 août	Équateur	40 000		
1868	16 août	Colombie	30 000		
1891	28 octobre	Mino-Owari, Japon	7 000		
1896	15 juin	Riku-Ugo, Japon	22 000		Tsunami
1897	12 juin	Assam, Inde	1 500	8,7	
1906	18 avril	San Francisco, Californie	700	8,25	
1908	28 décembre	Messine, Italie	120 000	7,5	
1915	13 janvier	Avezzano, Italie	30 000	7	
1920	6 décembre	Gansu, Chine	180 000	8,5	
1923	1 septembre	Kwanto, Japon	143 000	8,2	Grand incendie de Tokyo
1932	26 décembre	Gansu, Chine	70 000	7,6	
1935	31 mai	Quetta. Inde	60 000	7,5	
1939	24 janvier	Chillan, Chili	30 000	7,75	
1939	27 décembre	Erzincan, Turquie	23 000	8	
1948	28 juin	Fukui, Japon	5 131		
1949	5 août	Pelileo, Équateur	6 000	6,7	
1954	9 septembre	Orléansville, Algérie	1 200		
1960	29 février	Agadir, Maroc	14 000	5,9	
1960	21-30 mai	Chili méridional	5 700	8,5	

1968	31 août	Iran	11 600	7,4	Ouverture de faille en surface.
1970	31 mai	Pérou	66 000	7,8	530 millions de dollars de dégâts, grand glissement de terrain.
1972	23 décembre	Managua, Nicaragua	5 000	6,2	
1976	4 février	Guatemala	22 000	7,9	Rupture de la faille de Motagua sur 200 km.
1976	27 juin	Tangshan, Chine	environ 650 000	7,6	Grands dégâts économiques et peut-être 780 000 blessés. Non prévu.
1977	4 mars	Vrancea, Roumanie	2 000	7,2	Dégâts à Bucarest.
1978	20 juin	Thessalonique, Grèce	45	6,6	
1979	16 janvier	Iran	1 200	6,9	
1979	12 septembre	Nouvelle-Guinée	115	7,9	Tsunami à Yapen Island.
1979	12 décembre	Équateur	600	7,7	Grand Tsunami le long de la côte colombienne.
1980	29 juillet	Népal	240	6,6	
1980	10 octobre	El Asnam, Algérie	28 000	7,0	Rupture de faille sur 40 km, affaissement du bloc SE sur quelques m.
1981	11 novembre	Sud Iran	3 000	6,7	
1982	19 juin	El Salvador	43	7,2	
1982	16 décembre	Hindu Kush, Afghanistan	500	6,9	
1983	31 mars	Colombie	725		
1983	26 mai	Honshu, Japon	104	7,9	Tsunami.
1985	19 septembre	Michoacan, Mexique	35 000	8,1	Dégâts importants à Mexico City où 412 immeubles se sont écroulés et 3 124 autres ont été endommagés. Tsunami le long de la côte ouest.

Nombre moyen de séismes dans le monde chaque année

Magnitude Ms	8	7	6	5	4	3
Nombre au-dessus de la magnitude Ms	2	20	100	3 000	15 000	plus de 100 000

Répartition par régions
des morts victimes d'un tremblement de terre
depuis le XVIIe siècle

Chine	900 000
Japon	207 000
Bassin de la Méditerranée occidentale	136 000
Inde	363 000
Union soviétique	80 000
Amérique du Sud	272 000
Moyen-Orient	110 600
Californie	700
Amérique centrale	47000
	2 116 400

Table

Sources des illustrations

IMPRIMERIE HÉRISSEY À ÉVREUX (10-87)
DÉPÔT LÉGAL SEPTEMBRE 1987. N° 0016-2 (43666)